LIVRET EXPLICATIF

DES TABLEAUX

DU

SYSTÈME MÉTRIQUE

PAR

E. A. TARNIER

Docteur ès sciences, officier de l'instruction publique
chevalier de la Légion d'honneur, inspecteur de l'instruction primaire à Paris

PARIS

LIBRAIRIE DE L. HACHETTE ET Cte

BOULEVARD SAINT-GERMAIN, N° 77

1865

LIVRET EXPLICATIF

DES TABLEAUX

DU

SYSTÈME MÉTRIQUE

IMPRIMERIE GÉNÉRALE DE CH. LAHURE

Rue de Fleurus, 9, à Paris.

LIVRET EXPLICATIF

DES TABLEAUX

DU

SYSTÈME MÉTRIQUE

PAR

E. A. TARNIER

Docteur ès sciences, officier de l'instruction publique
chevalier de la Légion d'honneur, inspecteur de l'instruction primaire à Paris

PARIS

LIBRAIRIE DE L. HACHETTE ET Cie

BOULEVARD SAINT-GERMAIN, N° 77

1865

PRÉFACE.

Le concours ouvert en 1860 entre les instituteurs communaux sur cette question : *Le maître et l'école*, a donné lieu de constater la lenteur avec laquelle l'emploi des nouvelles unités de mesure pénètre dans les habitudes des populations, surtout de celles des campagnes. Les anciennes mesures continuent à produire une fâcheuse confusion dans les transactions privées.

Pour répondre au vœu exprimé par des hommes bons juges en pareille matière, nous avons commencé par publier une *Arithmétique* très-élémentaire principalement destinée aux écoles rurales, placées dans des conditions toutes différentes de celles des grands centres de population *.

A cet essai, dont les résultats ont été plus heureux que nous n'avions osé l'espérer, en a succédé un second tout différent du premier.

Convaincu que parler aux yeux c'est parler à l'intelligence d'une manière encore plus frappante, nous avons dessiné en vraie grandeur, et aussi rigoureusement que possible, les principales unités de poids et mesures.

C'est avec ces dessins originaux qu'ont été dressés nos huit tableaux du système métrique. Toutefois, les mesures de longueur, de capacité et de poids ont été *réduites de moitié*, pour éviter les

* Ce petit livre a été l'objet d'une circulaire en date du 11 septembre 1862 adressée aux préfets des départements par M. le Ministre de l'intérieur.

1

embarras de trop grands tableaux, et aussi pour rester dans les limites d'un prix modéré.

Notre format (celui des tableaux de lecture en usage dans les écoles primaires) présente encore des avantages qu'il est bon de signaler.

Premièrement, ces tableaux ont une grandeur uniforme; secondement, leurs dimensions permettent de faire des *atlas* d'un usage commode, soit pour servir à l'étude individuelle, soit pour entrer dans les bibliothèques au même titre qu'un dictionnaire et un atlas de géographie, soit enfin pour être donnés dans les établissements scolaires, comme *prix du système métrique.*

Cette publication nous paraît venir à propos au moment de l'adoption de la loi sur l'*enseignement secondaire spécial* (enseignement dans lequel les explications relatives aux choses pratiques de la vie joueront un rôle important), au moment où, à l'occasion des expositions universelles, les esprits sont vivement préoccupés de la nécessité de faire du système métrique une sorte de langue commerciale internationale.

Ce système est complétement adopté en Belgique et en Italie. La Hollande l'a pris en donnant aux mesures des noms différents des nôtres (elle ne l'a pas encore appliqué aux monnaies). Quelques-unes de nos mesures, particulièrement les poids, ont été adoptées en Suisse, en Prusse, dans le Danemark, dans le duché de Bade, dans les deux Hesses. Une loi de 1848 a décidé que le système en question serait obligatoire en Espagne à partir de 1860. La Grèce, le Chili, le Portugal, l'ont aussi récemment adopté. Enfin, un vote du Parlement anglais vient de l'autoriser dans tout le Royaume-Uni. Cette extension apportée à la législation anglaise est due à l'initiative prise en 1860 par le prince Albert, à l'occasion de la réunion du congrès de statistique internationale.

Le système métrique tend donc à devenir universel. Nous avons cherché les moyens de le populariser.

E. A. Tarnier.

INSTRUCTION GÉNÉRALE

AU POINT DE VUE PÉDAGOGIQUE.

1. Notre méthode ressemble beaucoup à celle dont on fait usage dans les salles d'asile pour apprendre aux enfants les premières notions de la langue maternelle. Les *tableaux de lecture* parlent anx yeux et se succèdent progressivement. Il en est de même des *tableaux du système métrique*. Ils sont au nombre de *huit :* il y en a un pour chaque espèce d'unité de mesure.

2. Nous commençons par

les *longueurs ;*

viennent ensuite succcessivement :

les *surfaces,*

les *volumes,*

les *mesures de capacité pour les liquides,*

les *mesures de capacité pour les matières sèches,*

les *poids,*

les *instruments de pesage,*

les *monnaies.*

3. A chaque tableau correspondent plusieurs leçons dont le nombre varie avec la difficulté du sujet.

Ces leçons, au nombre de trente, sont divisées en trois parties :

Explications du maître,

Interrogations collectives,

Interrogations individuelles.

4. Les *interrogations collectives* s'adressent à tous les élèves de la classe ; aussi avons-nous rédigé les réponses de manière à les faire aussi courtes qu'il était possible. Ce genre d'*exercices à l'unisson* se pratique depuis longtemps avec succès dans les salles d'asile et les écoles primaires.

Quant aux *interrogations individuelles*, elles ont un tout autre caractère. L'enfant est à côté du tableau noir et du tableau du système métrique ; il ne s'agit plus de répondre par oui ou par non, mais par des énoncés complets et des explications raisonnées. Ces explications profiteront aux autres élèves de la classe.

5. La *dernière leçon* sur chacun des huit tableaux mérite une attention particulière.

Dans la première partie de cette leçon, le maître résume la leçon précédente.

La deuxième partie consiste en interrogations *collectives* et récapitulatives sur *toutes les figures du tableau*, qui à la leçon suivante sera remplacé par un autre.

La troisième partie consiste en interrogations *individuelles* et récapitulatives sur toutes les figures de ce même tableau.

Voici en quoi diffèrent ces deux genres d'exercices :

Dans le premier, le maître montrera successivement dans leur ordre numérique, puis indistinctement, les diverses figures du tableau, et les élèves répondront collectivement à cette indication par le nom de la figure.

Dans le second exercice, au contraire, c'est l'élève qui montrera avec la baguette la figure dont le maître prononcera le nom.

Pour les distinguer, nous dirons exercice récapitulatif *direct* pour le premier, et exercice récapitulatif *inverse* pour le second.

Ces deux exercices sont les seuls qui seront confiés aux moniteurs et aux monitrices, à mesure que l'on passera d'un tableau à un autre, à moins, toutefois, que le maître ne juge à propos de leur confier le Manuel pour les charger de faire répéter toute la leçon.

6. Les deux prescriptions suivantes sont fort importantes :

1° Les élèves (au moins pour la plupart) devront être munis d'un mètre de poche. (Prix, 10 centimes.)

2° Les élèves, sans exception, devront avoir un cahier spécial avec ce titre : *Cahier du système métrique.* C'est dans ce cahier qu'ils enregistreront les nombres provenant des différents mesurages exécutés dans l'école ou hors de l'école ; les nombres écrits par le maître au tableau noir ; les énoncés des principes fondamentaux, tels que ceux qui sont relatifs aux *surfaces*, aux *volumes*, etc.

7. Guidée par le Livret, toute personne, même peu habituée à l'arithmétique, pourra aisément pratiquer l'enseignement dont nous parlons, d'autant plus qu'elle trouvera dans la *seconde partie* des notes qui lui épargneront bien des recherches.

8. Toutefois, comme en matière d'enseignement il n'y a rien d'absolu, comme tout doit être mesuré selon la nature des élèves et d'après diverses circonstances auxquelles l'auteur reste forcément étranger, le maître arrangera les choses à son gré. Ainsi, nous avons adopté la division en trente leçons, mais il est clair que le professeur pourra en augmenter ou en diminuer le nombre. Il laissera de côté ce qui lui paraîtra inopportun ou trop difficile, sauf à y revenir plus tard.

9. Quant à la question de savoir à quelle époque de l'année, à quels élèves le système métrique doit être enseigné, c'est encore au maître à la résoudre, parce qu'il est le meilleur juge en pareille matière.

Le point capital est que les élèves ne quittent pas l'école sans connaître la pratique des mesures légales. Indépendamment du bon parti qu'ils en tireront pour eux-mêmes, ils contribueront à vulgariser les mesures nouvelles et à déraciner les anciennes. Nous recommanderons donc particulièrement les *exercices individuels récapitulatifs embrassant indistinctement les huit tableaux, disposés les uns à côté des autres.* Cette manière de constater le degré d'instruction d'un élève, en ce qui concerne le système dont nous nous occupons, pourra être regardée comme concluante. Ces exercices placés vers la fin de l'ouvrage vont de la page 148 à la page 153.

Nous ne terminerons pas sans prier les personnes qui adopteront notre méthode, de vouloir bien nous faire part de leurs observations. En mettant à profit les améliorations suggérées par l'expérience des autres, nous parviendrons à rendre cette importante et laborieuse publication tout à fait digne des suffrages de nos juges compétents, les *professeurs*.

AVIS.

La dénomination de *grandeur* mentionnée en sous-titre aux tableaux 4, 5, 6 s'applique aux *dimensions* et non aux *volumes* des *unités de mesure*. Ces dimensions ont été réduites de *moitié ;* par suite les mesures elles-mêmes ont été réduites au *huitième*, d'après ce théorême de géométrie : *les volumes des corps semblables sont proportionnels aux cubes des lignes homologues.*

Conclusion. Les dessins renfermés dans les tableaux 1, 4, 5, 6 ne représentent les *mesures* indiquées aux légendes qu'autant que, par la pensée, on *double* les dimensions des objets figurés.

Les élèves du cours de dessin qui doubleront ces dimensions, auront la représentation des *unités de mesure* en véritable grandeur.

LIVRET EXPLICATIF

DES TABLEAUX

DU.

SYSTÈME MÉTRIQUE.

LEÇON PRÉLIMINAIRE

SUR LE CALCUL DES NOMBRES DÉCIMAUX.

1. On appelle *fractions décimales*, ou simplement *décimales*, les parties d'un tout divisé en 10, 100, 1000, 10000, etc., parties égales.

Ces parties se nomment *dixièmes*, *centièmes*, *millièmes*, *dix-millièmes*, etc.

On appelle *nombres décimaux* des nombres qui renferment des décimales.

Une virgule (,) mise à la droite du chiffre des unités simples, est le signe dont on fait usage dans l'écriture des nombres décimaux.

Exemples. 3,7 ; 42,85 ; 357,028.

0,7 ; 0,85 ; 0,028.

2. Première propriété. Les nombres décimaux ne changent pas de valeur quand on écrit ou quand on supprime des zéros à la droite du dernier chiffre décimal.

$$4,6 = 4,60 = 4,600 ; \quad 75,320 = 75,32.$$

3. Deuxième propriété. Pour multiplier les nombres décimaux par 10, 100, 1000, etc., avancez la virgule vers la droite d'autant de rangs qu'il y a de zéros dans le multiplicateur.

$$2\,4,3\,8\,7\,5 \times \qquad 1\,0 = 2\,4\,3,8\,7\,5$$
$$2\,4,3\,8\,7\,5 \times \qquad 1\,0\,0 = 2\,4\,3\,8,7\,5$$
$$2\,4,3\,8\,7\,5 \times \quad 1\,0\,0\,0 = 2\,4\,3\,8\,7,5$$
$$2\,4,3\,8\,7\,5 \times \; 1\,0\,0\,0\,0 = 2\,4\,3\,8\,7\,5$$
$$2\,4,3\,8\,7\,5 \times 1\,0\,0\,0\,0\,0 = 2\,4\,3\,8\,7\,5\,0$$

etc.

4. TROISIÈME PROPRIÉTÉ. Pour diviser les nombres décimaux par 10, 100, 1000, etc., reculez la virgule vers la gauche d'autant de rangs qu'il y a de zéros dans le diviseur.

$$2\,4,3\,8\,7\,5 : \qquad 1\,0 = 2,4\,3\,8\,7\,5$$
$$2\,4,3\,8\,7\,5 : \quad 1\,0\,0 = 0,2\,4\,3\,8\,7\,5$$
$$2\,4,3\,8\,7\,5 : 1\,0\,0\,0 = 0,0\,2\,4\,3\,8\,7\,5$$

etc.

5. ADDITION. Écrivez les nombres en colonne de manière que les unités de même ordre se correspondent; faites l'addition comme celle des nombres entiers; séparez sur la droite du résultat autant de décimales qu'il y en a dans celui des nombres proposés qui en renferme le plus.

$$
\begin{array}{r}
1\,9,3\,5 \\
0,3 \\
8\,4,5 \\
1\,1\,0,0\,2 \\
\hline
2\,1\,4,1\,7
\end{array}
$$

6. SOUSTRACTION. Préparez les nombres de manière qu'ils renferment autant de décimales l'un que l'autre; écrivez le plus petit au-dessous du plus grand; faites la soustraction comme celle des nombres entiers; séparez sur la droite du résultat autant de décimales qu'il y en a dans l'un des deux nombres retranchés l'un de l'autre.

EXEMPLE I. Soustraire 0,3697 de 0,62.

$$
\begin{array}{r}
0,6\,2\,0\,0 \\
0,3\,6\,9\,7 \\
\hline
0,2\,5\,0\,3
\end{array}
$$

Exemple II. Soustraire 7,364 de 8,1457.

$$
\begin{array}{r}
8,1\ 4\ 5\ 7 \\
7,3\ 6\ 4\ 0 \\
\hline
0,7\ 8\ 1\ 7
\end{array}
$$

7. Multiplication. Faites abstraction des virgules, séparez sur la droite du produit autant de décimales qu'en renfermaient les deux facteurs.

Exemple I. Multiplier 18,75 par 12,5.

$$
\begin{array}{r}
1\ 8,7\ 5 \\
1\ 2,5 \\
\hline
9\ 3\ 7\ 5 \\
3\ 7\ 5\ 0 \\
1\ 8\ 7\ 5 \\
\hline
2\ 3\ 4,3\ 7\ 5
\end{array}
$$

Exemple II. Multiplier 0,01875 par 0,00125.

$$
\begin{array}{r}
0,0\ 1\ 8\ 7\ 5 \\
0,0\ 0\ 1\ 2\ 5 \\
\hline
9\ 3\ 7\ 5 \\
3\ 7\ 5\ 0 \\
1\ 8\ 7\ 5 \\
\hline
0,0\ 0\ 0\ 0\ 2\ 3\ 4\ 3\ 7\ 5
\end{array}
$$

8. Division. Commencez par rendre le diviseur un nombre entier, puis, avancez la virgule dans le dividende d'autant de rangs qu'il y avait de décimales au diviseur ; vous aurez ainsi à diviser soit un nombre entier, soit un nombre décimal par un nombre entier.

Exemple I. Diviser 756,25 par 28,35.

$$
\begin{array}{r|l}
7\ 5\ 6\ 2.5 & 2\ 8\ 3\ 5 \\
1\ 8\ 9\ 2\ 5 & 2\ 6 \\
1\ 9\ 1\ 5 &
\end{array}
$$

Exemple II. Diviser 32,25 par 7,5.

$$
\begin{array}{r|l}
3\ 2\ 2,5 & 7\ 5 \\
2\ 2\ 5 & 4,3
\end{array}
$$

9. Moyen de prolonger une division. Après avoir abaissé tous les chiffres du dividende, mettez un zéro à la droite du reste, faites la division, vous aurez un chiffre de plus au quotient; agissez de même à l'égard du nouveau reste, faites la division, vous aurez encore un chiffre au quotient, et ainsi de suite, jusqu'à ce que vous ayez le nombre de décimales indiqué par la question.

APPLICATION à l'exemple I.

```
7 5 6 2 5 | 2 8,3 5
1 8 9 2 0 | 2 6,6 7
  1 9 1 5 0
    2 1 4 0 0
      1 5 5 5.
```

NOTA. Le maître s'assurera que ces quatre règles sur les nombres décimaux sont familières aux élèves.

LEÇONS

SUR LE SYSTÈME MÉTRIQUE.

PREMIER TABLEAU.

MESURES DE LONGUEUR.

Nota. Ce tableau doit être placé en face des élèves, à côté d'un tableau noir.

Les élèves, au moins pour la plupart, doivent être munis d'un mètre pliant (prix 10 cent.). Tout élève du cours doit avoir un cahier portant le titre de : *Cahier du système métrique.* C'est dans ce cahier qu'il inscrira les nombres indiqués par le maître, et les énoncés de quelques propositions fondamentales. On ne perdra pas de vue qu'il s'agit d'un enseignement *théorique* et *pratique.*

PREMIÈRE LEÇON.

Ire PARTIE. — EXPLICATIONS.

1. Pour déterminer la grandeur des objets, on se sert d'instruments appelés *mesures.*

2. *Mesurer*, c'est comparer la grandeur d'une mesure connue avec la grandeur inconnue d'un objet.

3. On *mesure* la plupart des *longueurs* avec cet instrument (l'instituteur montre un *mètre* en bois) : c'est le *mètre.*

4. Le mot *mètre* signifie *mesure.*

5. Le mètre donne son nom au système des poids et mesures, parce que, ainsi que nous le verrons successivement, toutes les mesures dont on fait un usage journalier, dépendent directement ou indirectement de la longueur du mètre.

6. On dit de ce système qu'il est *légal*, parce que, d'après la loi du 4 juillet 1837, il est exclusivement obligatoire.

Il est *décimal*, parce que le calcul des nombres décimaux y est seul employé.

7. Les mètres ont tous la même longueur, celle d'un modèle qu'on nomme *mètre étalon*, dont est muni tout *bureau de vérification des poids et mesures*.

8. Pour *mesurer une longueur*, on porte le mètre sur cette longueur à partir de l'une de ses extrémités, une fois, deux fois, trois fois, etc., c'est-à-dire autant de fois que possible.

9. Dans cette opération, il y a presque toujours un *reste* à mesurer. Pour l'*évaluer*, on lit sur l'instrument les *dixièmes*, les *centièmes*, quelquefois même les *millièmes* de mètre, que contient ce reste.

10. On appelle *décimètre* la dixième partie du mètre.

11. On appelle *centimètre* la centième partie du mètre.

12. On appelle *millimètre* la millième partie du mètre.

13. D'après la numération décimale, un dixième vaut 10 centièmes; donc, *un décimètre vaut dix centimètres*.

$$1^{\text{décimètre}} = 10 \text{ centimètres}.$$

14. Réciproquement, *un centimètre est le dixième du décimètre.*

$$1^{\text{centimètre}} = \tfrac{1}{10} \text{ de décimètre.}$$

15. Un centième vaut 10 millièmes ; donc, *un centimètre vaut dix millimètres.*

$$1^{\text{centimètre}} = 10 \text{ millimètres.}$$

16. Réciproquement, *le millimètre est le dixième du centimètre.*

$$1^{\text{millimètre}} = \tfrac{1}{10} \text{ de centimètre.}$$

17. Le millimètre est le dixième du centimètre qui, lui-même, est le dixième du décimètre ; par conséquent, *le millimètre est le dixième du dixième*, ou *le centième du décimètre.*

$$1^{\text{millimètre}} = \tfrac{1}{100} \text{ de décimètre.}$$

18. Pour écrire 8 mètres 23 centimètres, je pose

$$8^{\text{m}},23.$$

Nota. Les élèves copieront ces cinq égalités écrites au fur et à mesure par le maître sur le tableau noir.

19. Il y a des mètres droits, des mètres-cannes et des mètres pliants.

20. Il y a des mètres en *bois*, en *cuivre*, en *os*, en *ivoire*, en *baleine* et même en *ruban* *.

21. La figure 1 représente un mètre pliant, mais seulement en *demi-grandeur.*

Nota. Le maître désignera ce dessin avec la baguette.

22. Si le mètre était représenté en vraie grandeur,

---

* Les bois qui conviennent le mieux à la fabrication des mètres, et en général de toutes les *mesures linéaires*, sont ceux qui sont suffisamment durs, se dressent proprement et ne se courbent pas sensiblement par l'effet de l'humidité et de la sécheresse. Tels sont le buis, le chêne, le noyer, le cormier et l'alizier, mais bien secs. On peut se procurer un très-bon mètre pour la modique somme d'un franc.

chacune de ses dix parties serait de 1 décimètre, ou de 10 centimètres. Comme il est réduit de moitié, la longueur de chaque division n'est que de cinq centimètres.

Les petits traits indiquent la division de chaque décimètre en 10 centimètres. Chaque centimètre du premier décimètre est divisé en 10 millimètres [*].

NOTA. A cette occasion, le maître préviendra les élèves qui suivent le cours de dessin, qu'un de leurs exercices consistera à déduire les figures en vraie grandeur des figures réduites de moitié. Ce sera un travail doublement utile.

23. Pour faciliter le mesurage, il y a le *double mètre*, le *demi-mètre*, le *décimètre* et le *double décimètre*.

24. La figure 4 représente un *double décimètre* divisé en centimètres et millimètres. D'après la réduction uniforme qui a été adoptée, le dessin représente le *décimètre* en vraie grandeur.

25. Le mètre, simple ou double, sert principalement à mesurer les longueurs des étoffes, les dimensions des édifices, des appartements, du corps humain, etc.

26. Les subdivisions du mètre servent à mesurer les petites dimensions, telles que : la *longueur* d'un carreau de vitre, d'une brique, d'un livre, etc. ; la *largeur* d'une planchette, d'un ruban, etc. ; la *hauteur* d'une corniche, d'une plinthe, d'une bordure et l'*épaisseur* d'une glace, d'une feuille de métal, d'une plaque d'acajou, etc.

27. *Opérations pratiques.* Mesurage de la lon-

---

[*] Pour *diviser le mètre*, on peut avoir recours à plusieurs moyens. Le plus simple est l'emploi d'une machine qui d'un seul coup imprime sur la mesure les divisions et les chiffres.

gueur et de la largeur de la classe, d'un tableau noir, d'un tableau de lecture, d'une ardoise, etc.

Nota. Le maître écrira sur le tableau noir les nombres provenant de ces métrages, et les élèves les copieront. Ces nombres seront des *termes de comparaison* très-précieux pour apprécier à vue des longueurs plus grandes ou plus petites, et *tracer à main levée* des lignes de telle ou telle longueur. Cet exercice de l'œil et de la main est de la plus grande importance.

IIᵉ PARTIE. — INTERROGATIONS COLLECTIVES.

Avis important. Les réponses *collectives* indiquées au livret sont aussi laconiques que possible, parce que tous les élèves doivent répondre en même temps et par les mêmes mots à la question du maître. — Les réponses aux mêmes questions, mais *individuellement*, se feraient, au contraire, en retablissant les mots qui ont été supprimés pour rendre praticable l'exercice *simultané*.

1. De quoi se sert-on pour déterminer la grandeur des objets? (Rép. De mesures.)

2. Qu'est-ce que mesurer? (Rép. C'est chercher combien de fois la grandeur contient l'unité.)

3. Que signifie le mot mètre? (Rép. Mesure.)

4. Le mètre donne-t-il son nom au système que nous étudions? (Rép. Oui.)

5. Pourquoi? (Rép. Toutes les mesures en dépendent.)

6. Pourquoi dit-on que ce système est légal? (Rép. La loi du 4 juillet 1837 l'a rendu obligatoire.)

7. Pourquoi dit-on qu'il est décimal? (Rép. Il n'exige que des calculs de nombres décimaux.)

8. Avec quoi mesure-t-on les longueurs des étoffes, les dimensions des édifices, des appartements, etc.? (Rép. Avec le mètre ou le double mètre.)

9. Les mètres dont on fait usage dans la pratique ont-ils tous la même longueur? (Rép. Oui.)

10. Qu'appelle-t-on mètre étalon? (Rép. Modèle dont sont munis les vérificateurs des poids et mesures.)

11. Comment mesure-t-on une longueur? (Rép. On porte l'instrument sur cette longueur autant de fois que possible.)

12. Comment évalue-t-on le reste? (En divisions du mètre.)

13. Qu'est-ce qu'un décimètre ? (Rép. Dixième de mètre.)

14. Qu'est-ce qu'un centimètre ? (Rép. Centième de mètre.)

15. Qu'est-ce qu'un millimètre ? (Rép. Millième de mètre.)

16. Combien le décimètre vaut-il de centimètres ? (Rép. 10.)

17. Le centimètre est quelle fraction du décimètre ? $\left(\text{Rép. } \frac{1}{10}.\right)$

18. Combien le centimètre vaut-il de millimètres ? (Rép. 10.)

19. Le millimètre est quelle fraction du centimètre ? $\left(\text{Rép. } \frac{1}{10}.\right)$

20. Le millimètre est quelle fraction du décimètre ? $\left(\text{Rép. } \frac{1}{100}.\right)$

21. Lisez les nombres écrits sur le tableau noir.

Nota. Ce sont les nombres provenant des mesurages qui ont été faits par l'instituteur.

22. Y a-t-il des mètres de différentes formes ? (Rép. Oui.) Y en a-t-il en forme de cannes ? (Rép. Oui.)

23. Y a-t-il des mètres de différentes matières ? (Rép. Oui.)

24. Que représente la figure 1 ? (Rép. Un mètre pliant en demi-grandeur.)

25. Que représentent les petits traits ? (Rép. Des centimètres.) Que représentent les subdivisions du premier décimètre ? (Rép. Des millimètres.)

26. D'après le dessin, quelle est la longueur véritable d'une des dix parties ? (Rép. Cinq centimètres.)

27. Comment déduire de la figure 1 la longueur véritable du mètre ? (Rép. En doublant chaque partie.)

28. Que représente la figure 4 ? (Rép. Le double décimètre, divisé en centimètres et millimètres.)

29. En réalité, est-ce un double décimètre ? (Rép. Non, la moitié.)

30. Que mesure-t-on avec le demi-mètre, le décimètre, le double décimètre ? (Rép. Les petites longueurs.)

IIIᵉ PARTIE. — INTERROGATIONS INDIVIDUELLES.

Le maître appellera un élève au tableau et lui posera quelques-unes des questions précédentes. Contrairement aux réponses collectives, celles-ci devront être complètes et raisonnées. Les réponses ainsi faites, profiteront aux autres élèves de la classe.

DEUXIÈME LEÇON.

Nota. Dans cette leçon, l'institutrice supprimera ce qui lui paraîtra convenir exclusivement aux écoles de garçons.

Iʳᵉ partie. — Explications.

1. Résumé de la première leçon.

2. On appelle *décamètre* une longueur de dix mètres.

$$1 \text{ décamètre} = 10 \text{ mètres,}$$

$$1 \text{ mètre} = \frac{1}{10} \text{ de décamètre.}$$

3. On appelle *chaîne métrique* une chaîne de 10 mètres composée de 50 tiges en fer de 2 décimètres chacune.

4. Ces tiges sont reliées entre elles par des anneaux en *fer*, à l'exception de ceux qui terminent chaque série de cinq chaînons consécutifs, et qui sont en *cuivre*.

5. Cinq chaînons consécutifs représentent cinq fois 2 décimètres, et par conséquent un mètre.

6. Le premier et le dernier chaînon sont terminés par une poignée dont on se sert pour saisir le décamètre. La longueur de la poignée sert à compléter les 2 décimètres que doivent avoir les chaînons extrêmes.

7. Le milieu de la chaîne est ordinairement indiqué par une *broche* pouvant s'enfoncer dans le sol.

Nota. La représentation en vraie grandeur d'une chaîne métrique (déployée) sur un des murs du préau serait une chose utile.

8. Avec une chaîne ou une *double chaîne*, on mesure la longueur et la largeur d'une *rue*, d'une *cour*, d'un *champ*, etc.

9. La figure 5 représente le décamètre en demi-grandeur.

Nota. Le maître montrera les chaînons, les anneaux en fer et les anneaux en cuivre, les poignées et la broche.

10. D'après le dessin, chaque chaînon n'a que 1 décimètre.

11. Depuis quelques années, on construit des décamètres en ruban d'acier. Ils ont plusieurs avantages sur les chaînes en fer, mais ils coûtent.plus cher*.

12. La figure 6 représente un décamètre en acier roulé en spirale.

13. On appelle *fiche* une tringle en fer, pointue par le bas et contournée par le haut.

14. Les fiches ont ordinairement de 30 à 40 centimètres de hauteur.

15. Les fiches, au nombre de 10, servent à marquer les points où l'on applique les extrémités de la chaîne.

16. On appelle *porte-chaîne* la personne qui accompagne et aide le chaîneur.

---

* Un décamètre en acier coûte 12 francs; on peut avoir une bonne chaîne en fer pour 5 francs.

17. La figure 7 représente une fiche en demi-gran-deur.

18. On appelle *jalon ordinaire* une petite baguette droite taillée en pointe par le bas, et fendue par le haut pour recevoir un morceau de papier blanc.

19. Ce papier sert de signal pour faciliter la direction du *rayon visuel*.

20. Les jalons servent à représenter un *aligne-ment*.

21. La figure 8 représente un jalon ordinaire.

22. On appelle *fil à plomb* un fil à l'extrémité duquel est attaché un morceau de plomb.

23. Le fil à plomb sert à vérifier si les jalons ont été enfoncés verticalement dans le sol.

24. La figure 9 représente un fil à plomb.

IIe PARTIE. — INTERROGATIONS COLLECTIVES.

1. Qu'est-ce qu'un décamètre? (Rép. Longueur de 10 mètres.)

2. Que représente la figure 5? (Rép. Décamètre.)

3. En quoi est-il? (Rép. En fer.)

4. Combien de chaînons? (Rép. 50.)

5. Quelle est la longueur de chacun? (Rép. 2 décimètres.)

6. Combien faut-il de chaînons pour faire un mètre? (Rép. Cinq.)

7. Par quoi le milieu de la chaîne est-il indiqué? (Rép. Par une broche.)

8. Que mesure-t-on avec une chaîne? (Rép. Les rues, les champs, etc.)

9. Qu'indique la figure 6? (Rép. Décamètre en acier.)

10. Que représente la figure 7 ? (Rép. Fiche.)

11. Qu'est-ce qu'une fiche? (Rép. Tige en fer.)

12. Quelle est la longueur d'une fiche? (Rép. 30 à 40 centimètres.)

13. A quoi servent les fiches? (Rép. Au chaînage.)

14. Qu'est-ce qu'un porte-chaîne? (Rép. Aide du chaîneur.)

15. Que représente la figure 8? (Rép. Un jalon.)

16. Qu'est-ce qu'un jalon? (Rép. Petite baguette munie d'une carte.)

17. A quoi sert cette carte? (Rép. A mieux faire voir le jalon.)

18. A quoi servent les jalons? (Rép. Aux alignements.)

19. Que représente la figure 9? (Rép. Fil à plomb.)

20. Qu'est-ce qu'un fil à plomb? (Rép. Fil au bout duquel est suspendu un morceau de plomb.)

21. A quoi sert le fil à plomb? (Rép. Verticalité des jalons.)

IIᶦᵉ PARTIE. — INTERROGATIONS INDIVIDUELLES.

NOTA. Après quelques questions sur la leçon, le maître fera tracer à main levée, au tableau noir, les longueurs indiquées ci-après. Ces tracés étant faits, l'élève en vérifiera l'exactitude avec un mètre divisé, et les rectifiera.

Longueur de 1 décimètre,

Longueur de 2 décimètres,

Longueur de 1 centimètre,

Longueur de 2 centimètres,

Longueur de 3, 4, 5, 6, 7, 8, 9 centimètres,

Longueur de 11 centimètres,

Longueur de 13 centimètres,

Longueur de 16 centimètres.

TROISIÈME LEÇON.

Ire PARTIE. — EXPLICATIONS.

1. Résumé de la deuxième leçon.

2. On fait un usage très-fréquent d'un *ruban verni* s'enroulant autour de *l'axe d'un cylindre* dans une boîte en forme de tabatière ronde. Cet instrument se nomme *roulette*. Le ruban est en fil, en soie, en coton, en peau, etc.

3. Il y a des rubans de 1 mètre, de 1^m,50 de 5 mètres, de 10 mètres, et même de 100 mètres.

4. Un *anneau* sert à tirer le ruban de la boîte. Une *manivelle* sert à le rouler intérieurement sur lui-même.

5. Ces rubans sont divisés en décimètres et en centimètres. Le premier décimètre est quelquefois partagé en millimètres.

6. Ces rubans ont l'inconvénient de s'étendre ou de se raccourcir suivant l'état d'humidité de l'air, et surtout de s'allonger suivant la *tension* qu'on leur fait éprouver ; aussi ne sont-ils que tolérés.

7. Les figures 2 et 3 représentent des roulettes de 10 mètres et de 1 mètre avec leurs divisions.

Nota. La roulette, fig. 3, est ordinairement celle dont se servent les couturières. Le ruban est de 1 mètre ou de 1^m,50. Celui des tailleurs est de 1^m,50 ; des nombres indiquent les centimètres. Chacun des dix premiers centimètres est souvent divisé en millimètres. — L'institutrice insistera sur l'emploi des rubans métriques, à cause de leur usage dans les travaux de couture.

8. On appelle *mesures effectives* les mesures employées comme instruments.

9. On appelle *mesures fictives* les mesures qui ne

sont pas matériellement représentées, comme le kilomètre et le myriamètre.

10. On appelle *kilomètre* une longueur de 1000 mètres.

11. Le kilomètre est l'unité des *mesures itinéraires*.

12. Sur toutes les grandes routes, les distances sont indiquées par des bornes en pierre placées de kilomètre en kilomètre.

13. On appelle *myriamètre* une distance géographique de 10 000 mètres.

Nota. Comme exemples vulgaires de longueurs, le maître citera les suivants, que les élèves enregistreront.

14. Le doigt d'un homme de moyenne taille est large d'environ 2 centimètres.

15. La main entière est large d'environ 1 décimètre.

16. 10 mains d'homme en largeur valent environ 1 mètre.

17. Les extrêmes de la taille humaine sont de $1^m,35$ à 2 mètres.

18. La taille moyenne est de $1^m,62$.

19. La taille minimum pour l'infanterie est de $1^m,56$ et pour la cavalerie de $1^m,66$.

Nota. Il sera bon que chaque élève tienne compte des variations de sa taille.

20. Un homme marchant d'un pas ordinaire et d'une vitesse moyenne, fait un hectomètre en 1,33 minute; un kilomètre en 13,3 minutes; un myriamètre en 2 heures 13 minutes.

Nota. Il sera bon d'exercer les élèves à *mesurer aux pas* et à convertir le chemin parcouru en mesures métriques. Pour les grandes distances, le maître choisira ses termes de comparaison dans la localité. En voici quelques-uns pour Paris.

EXEMPLES DE LONGUEURS DE CHACUNE UN HECTOMÈTRE.

21. Longueur de la caserne Napoléon, sur la rue de Rivoli.

22. Longueur de l'église Saint-Germain des Prés, prise extérieurement.

23. Longueur de la cour d'honneur des Invalides.

24. Largeur du bâtiment central de l'École militaire.

25. Largeur du jardin de l'Élysée Napoléon.

26. Largeur de l'avenue du Trône à l'ancienne barrière.

27. Largeur de la place Malesherbes.

EXEMPLES DE DISTANCES DE CHACUNE UN KILOMÈTRE.

28. *Sur la rue de Rivoli :* de la place de la Concorde au pavillon de Rohan.

29. *Par la rue de Rivoli :* de la tour Saint-Jacques à l'église Saint-Paul.

30. *Par le boulevard de l'Arsenal et les nouveaux ponts :* de la colonne de Juillet au quai Saint-Bernard.

31. *Par le boulevard Saint-Michel :* de la place Saint-Michel (chaussée) au milieu de l'école des Mines.

32. *Sur le boulevard Montparnasse :* du carrefour de l'Observatoire à la rue de Rennes.

33. L'avenue Du Guesclin.

34. Longueur du Champ de Mars.

35. *Par le quai d'Austerlitz :* du pont d'Austerlitz au pont de Bercy.

IIe PARTIE. — INTERROGATIONS COLLECTIVES.

1. Que représentent les figures 2 et 3 ? (Rép. Des roulettes.)

2. Quelles sont les longueurs des rubans métriques ? (Rép. 1 mètre, 1^m,50, 5 mètres, 10 mètres, 100 mètres.)

3. A quoi sert l'anneau ? (A tirer le ruban.)

4. A quoi sert la manivelle ? (A le faire rentrer.)

5. Comment ces rubans sont-ils divisés ? (Rép. En parties décimales du mètre.)

6. Quel est l'inconvénient de ces rubans ? (Rép. Humidité, tension.)

7. Qu'appelle-t-on mesures effectives ? (Rép. Celles qu'on fabrique.)

8. Qu'appelle-t-on mesures fictives ? (Rép. Celles qu'on ne fabrique pas.)

9. Qu'est-ce qu'un kilomètre ? (Rép. Longueur de 1000 mètres.)

10. Quelle est l'unité des mesures itinéraires ? (Rép. Le kilomètre.)

11. Qu'appelle-t-on bornes kilométriques ? (Rép. Celles des routes.)

12. Qu'est-ce qu'un myriamètre ? (Rép. Longueur de 10 000 mètres.)

13. Quelle est la largeur du doigt d'un homme de moyenne taille ? (Rép. Environ 2 centimètres.)

14. Quelle est la largeur de la main entière ? (Rép. 1 décimètre.)

15. Combien de mains d'homme pour 1 mètre ? (Rép. 10.)

16. Entre quelles limites varie la taille humaine ? (Rép. 1^m,35 et 2^m.)

17. Quelle est la taille moyenne de l'homme ? (Rép. 1^m,62.)

18. Combien faut-il de temps à un homme marchant d'un pas ordinaire et d'une vitesse moyenne, pour parcourir un hectomètre? (Rép. Un peu plus d'une minute.) Un kilomètre? (Rép. Environ 13 minutes.) Un myriamètre? (Rép. Environ 2 heures.)

19. Citez pour votre localité quelques exemples d'hectomètres et de kilomètres.

IIIe PARTIE. — INTERROGATIONS INDIVIDUELLES.

NOTA. Ces interrogations porteront sur ce qui précède.

QUATRIÈME LEÇON.

Ire PARTIE. — EXPLICATIONS.

1. Résumé de la troisième leçon.

2. Les mots *déci, centi, milli,* suivis du mot mètre, signifient *dixième, centième, millième* partie du mètre.

3. Ces préfixes numéraux tirés du latin servent à indiquer les subdivisions ou les *sous-multiples* décimaux du mètre.

4. Les mots *déca, hecto, kilo, myria,* placés avant le mot mètre, signifient 10, 100, 1000, 10000 mètres.

5. Ces préfixes, tirés du grec, indiquent les *multiples* décimaux du mètre.

6. Une distance représentée par $93864^m,275$ se compose de :

9 myriamètres,

3 kilomètres,

8 hectomètres,

6 décamètres,

4 mètres,

2 décimètres,

7 centimètres,

5 millimètres.

7. Le mètre étant pris pour unité principale, on énonce :

93864 mètres 275 millimètres.

8. Si au contraire le kilomètre était l'unité principale, on écrirait

$93^k,864275$.

Nota. Le maître insistera sur ce que le nombre servant à désigner une longueur devient 10, 100, 1000,... fois plus *petit*, lorsque l'unité de mesure à laquelle on compare cette longueur devient 10, 100, 1000,... fois plus *grande*. Réciproquement, le nombre devient 10, 100, 1000,... fois plus *grand*, lorsque l'unité de mesure devient 10, 100, 1000,... fois plus *petite*. De cette manière, il y a compensation, et la distance, quoique représentée par des *nombres différents*, n'a pas changé.

La facilité avec laquelle s'opère le changement d'unité par un simple déplacement de virgule, on passe d'une unité à une autre, est un des principaux avantages du système métrique.

Les élèves auxquels on enseigne que 3 arbres, 5 hommes, 8 mètres, etc., sont des nombres (les nombres sont 3, 5, 8, etc.), se trompent presque toujours dans le changement d'unité. Lorsque, par exemple, on leur propose de convertir en myriamètres les 40 millions de mètres du méridien terrestre, ils prennent la dix-millième partie de 40 millions *de mètres*, en sorte que, pour eux, ce méridien est devenu dix mille fois plus petit. Nous avons donc eu raison d'insister sur la *compensation qui s'établit entre le nombre et l'unité de mesure*. De cette manière, le résultat obtenu est toujours d'accord avec le bon sens : *lorsqu'on mesure un objet, on ne le modifie pas; après le mesurage, il est dans le même état qu'auparavant.*

IIᵉ PARTIE. — INTERROGATIONS COLLECTIVES.

1. Qu'indiquent les mots *déci, centi, milli?* (Rép. Dixième, centième, millième.)

2. A quoi servent ces préfixes tirés du latin? (Rép. A exprimer les *sous-multiples* décimaux du mètre.)

3. Qu'indiquent les mots *déca, hecto, kilo, myria?* (Rép. 10, 100, 1000, 10000.)

4. A quoi servent ces préfixes tirés du grec? (Rép. A exprimer les *multiples* décimaux du mètre.)

Nota. Le maître écrira sur le tableau noir

$93864^{m},275$;

il montrera successivement avec la baguette les chiffres 9, 3, 8, 6, 4, 2, 7, 5, et les élèves diront au fur et à mesure :

9 myriamètres, 3 kilomètres, 8 hectomètres, 6 décamètres, 4 mètres, 2 décimètres, 7 centimètres, 5 millimètres.

Même exercice en montrant les mêmes chiffres, mais dans un ordre irrégulier.

5. A la droite de quel chiffre dois-je placer la virgule pour que cette longueur soit rapportée au kilomètre ? (Rép. A la droite du 3.)

6. Qu'est-ce qui a changé? (Rép. L'unité de mesure.) — Qu'est-ce qui a encore changé? (Rép. Le nombre 93864,275.)

7. Qu'est-il devenu ? (Rép. 1000 fois plus grand.) La longueur qu'il exprime a-t-elle changé ? (Rép. Non.)

8. Pourquoi? (Rép. *Compensation* entre le nombre et l'unité.)

Nota. Le maître multipliera les exercices de ce genre, de manière à s'assurer qu'on a compris que le *changement d'unité métrique* s'opère par un simple déplacement de la virgule décimale, c'est-à-dire par la multiplication ou la division d'un nombre par 10, 100, 1000, 10000, etc. On insistera également sur la conversion d'une longueur en unités de la plus petite subdivision ; 3 mètres 75 centimètres équivalent à 375 centimètres; 2 mètres 5 décimètres équivalent à 25 décimètres.

IIIe PARTIE. — INTERROGATIONS INDIVIDUELLES.

1. Pour pouvoir appliquer aux poids et mesures le système décimal des nombres, on a adopté des noms spéciaux pour la désignation des multiples d'une unité principale ; écrivez ces mots numériques.

2. En regard de chaque mot écrivez le nombre correspondant.

3. Faites la même chose pour les sous-multiples.

4. Écrivez en toutes lettres les multiples et les sous-multiples du mètre, en commençant par le multiple le plus élevé; en regard de chaque dénomination, placez le nombre correspondant.

5. Écrivez 83 myriamètres, 7 hectomètres et 6 mètres, le mètre étant l'unité.

6. Rapportez 830706 mètres à l'hectomètre, puis au myriamètre.

7. Écrivez 4 décimètres, le mètre étant l'unité.

8. Écrivez 4 décimètres, le centimètre étant l'unité.

9. Écrivez 4 décimètres, le millimètre étant l'unité.

10. Convertissez successivement 30 mètres et 625 millimètres dans leurs diverses subdivisions.

Réponse.   3 0,6 2 5 mètres,
                 3 0 6,2 5 décimètres,
                 3 0 6 2,5 centimètres,
                 3 0 6 2 5 millimètres.

11. Convertissez 85 mètres 374 millimètres en centimètres. (Rép. 8537,4 centimètres.)

12. Convertissez successivement 30625 millimètres en unités métriques jusqu'au décamètre inclusivement.

Réponse.   3 0 6 2 5 millimètres,
                 3 0 6 2,5 centimètres,
                 3 0 6,2 5 décimètres,
                 3 0,6 2 5 mètres,
                 3,0 6 2 5 décamètres.

13. Convertissez 75 centimètres en myriamètres. (Réponse 0,000075 myriamètre.)

14. Est-il absolument nécessaire de se servir de la nomenclature systématique avec les dénominations grecques et latines? (Rép. Non.)

15. Est-il indispensable de dire 1 myriamètre au lieu de 10000 mètres? (Rép. Non.)

16. En général, fera-t-on bien d'employer celui de ces deux modes qui, dans un cas donné, présentera le plus de clarté et de brièveté? (Rép. Oui.)

CINQUIÈME ET DERNIÈRE LEÇON
SUR LE PREMIER TABLEAU.

Iⁿᵉ PARTIE. — RÉSUMÉ DE LA QUATRIÈME LEÇON.

IIᵉ PARTIE. — INTERROGATIONS COLLECTIVES, RÉCAPITULATIVES ET DIRECTES SUR LA TOTALITÉ DU PREMIER TABLEAU.

NOTA. *Premier exercice.* Le maître désignera avec la baguette, et dans l'ordre numérique, 1, 2, 3, 4, 5, 6, 7, 8, 9, chacune des figures du tableau, et les élèves diront, au fur et à mesure, ce qu'elles représentent. Exemples : mètre pliant et divisé, — roulette de 10 mètres, — roulette de 1 mètre, — double décimètre, chaîne de 10 mètres, de 50 chaînons de 2 décimètres chacun, — décamètre en ruban d'acier, — fiche, — jalon, — fil à plomb.

Second exercice. On désignera de nouveau les mêmes figures, mais dans un ordre quelconque; les élèves répondront par le nom de chaque instrument.

Troisième exercice. On désignera certaines portions de figure : une *des dix parties du mètre*, un *chaînon*, une *poignée*, un *anneau en fer*, un *anneau en cuivre*, etc., etc., et chaque fois, les élèves répondront par le nom de la chose indiquée.

IIIᵉ PARTIE. — INTERROGATIONS INDIVIDUELLES RÉCAPITULATIVES INVERSES.

NOTA. Le maître posera à l'élève des questions telles que celles-ci :

Montrez le fil à plomb.

Montrez un chaînon.

Montrez un anneau en cuivre.

Montrez le jalon.

Montrez le décamètre en acier.

Montrez une longueur de dix centimètres.

Montrez un décimètre, et ainsi de suite de manière à épuiser toutes les questions de ce genre que comportent les neuf figures du premier tableau.

AVERTISSEMENT.

Dès qu'on passera à un autre tableau, les élèves-maîtres auxquels seront confiés les élèves les moins avancés, seront chargés de faire répéter une partie des explications précédentes. Leur rôle se bornera à diriger les deux genres d'exercices suivants, à moins, comme nous l'avons déjà dit dans l'instruction générale, qu'ils ne soient munis du livret, auquel cas ils pourront faire répéter toute la leçon.

I. *Que représente cette figure ?*

Les élèves du groupe répondront isolément ou collectivement à la question par la reproduction textuelle de la phrase imprimée au bas du tableau, et portant le même numéro d'ordre que la figure désignée avec la baguette.

II. *Montrez telle ou telle figure, connaissant le nom de cette figure.*

Exemples. Montrez le mètre en demi-grandeur. — Montrez-en le dixième. — Montrez la chaîne en fer. — Montrez le décamètre en acier, etc.

Ces deux genres d'exercices n'étant pas particuliers au premier tableau, l'instituteur aura soin d'en charger les élèves-maîtres au fur et à mesure qu'un tableau sera remplacé par un autre. D'après cela, le tableau des mesures de longueurs deviendra dès à présent un tableau d'enseignement mutuel.

DEUXIÈME TABLEAU.

MESURES DE SUPERFICIE.

PREMIÈRE LEÇON.

Nota. Ce tableau exige de la part du maître quelques efforts de plus que le précédent à cause des notions de géométrie avec lesquelles il importe de familiariser les élèves.

Iʳᵉ PARTIE. — EXPLICATIONS.

1. Ce second tableau a pour titre : *Mesures de superficie.*

2. On appelle *surface* une étendue en *longueur* et en *largeur*, abstraction faite de son *épaisseur*. Ordinairement, sur le terrain, les surfaces se nomment *superficies*.

3. On appelle *carré* (ou *quarré*) une figure qui a quatre côtés égaux et quatre angles droits.

Nota. Le maître montrera la figure 1. Il en indiquera les *angles*, les *sommets* et les *côtés*. Il montrera les *côtés parallèles*.

4. On appelle *rectangle* un quadrilatère qui a ses quatre angles droits sans avoir ses quatre côtés égaux.

Nota. Le maître montrera la figure 8.

5. La longueur ou la *base* d'un rectangle est le plus grand des deux côtés. Sa largeur ou sa *hauteur* est le côté contigu au premier.

Dans un rectangle, on peut prendre la base pour la hauteur, et réciproquement.

Nota. Le maître montrera ces deux dimensions.

6. On appelle *mètre carré* un carré qui a un mètre de long sur un mètre de large ; autrement dit, c'est un carré qui a un mètre de côté.

Nota. La représentation d'un mètre carré en vraie grandeur serait une chose très-utile.

7. On appelle *décimètre carré* un carré qui a un décimètre de côté.

Nota. Le maître montrera la figure 1 ; c'est un décimètre carré en vraie grandeur. Il en reproduira le dessin sur le tableau noir.

8. On appelle *centimètre carré* un carré qui a un centimètre de côté.

Nota. Le maître montrera la figure 4 ; c'est le centimètre carré en vraie grandeur. Il en reproduira le dessin sur le tableau noir.

9. On appelle *millimètre carré* un carré qui a un millimètre de côté.

Nota. Le maître montrera la figure 7; c'est le millimètre carré en vraie grandeur. Il en reproduira le tracé sur le tableau noir.

Le maître insistera sur ce que, pour les surfaces comme pour les longueurs, les mots *déci, centi, milli*, signifient *dixième, centième, millième;* mais que, après avoir pris le dixième, le centième, le millième du mètre, il faut *concevoir* un carré ayant pour côté le dixième, le centième, le millième du mètre linéaire : pour les surfaces, il y a une opération mentale de plus que pour les longueurs.

Principe fondamental des surfaces.

10. *Un carré est le centuple d'un autre lorsque le côté du premier est le décuple du côté du second.*

Nota. Le maître dictera cet énoncé (Cahier du système métrique). Pour démontrer la proposition, il montrera la figure 2 ; c'est le décimètre carré décomposé en 100 centimètres carrés. Or, le côté du décimètre carré est décuple de celui du centimètre carré, et on voit matériellement que la surface du premier est centuple de celle du second. On reproduira ce dessin sur le tableau noir. Si le mètre carré a été représenté dans la classe, comme nous l'avons conseillé, il sera facile de démontrer qu'il est le centuple du décimètre carré.

Pour fortifier davantage l'esprit des élèves dans cette idée fondamentale du rapport des carrés superficiels déduit du rapport de leurs côtés linéaires, on insistera sur ce qu'un carré est 4 fois, 9 fois, 16 fois, 25 fois, etc., plus grand qu'un autre, lorsque le côté du premier est le double, le triple, le quadruple, le quintuple, etc., du côté du second.

Nous ne saurions trop le répéter, la faiblesse des commençants en ce qui concerne les mesures de surface, tient principalement à ce qu'ils ne connaissent pas suffisamment le principe fondamental en question.

IIe Partie. — Interrogations collectives.

1. Après les mesures linéaires, qu'étudions-nous? (Rép. Les mesures de superficie.)

2. Qu'est-ce qu'une surface? (Rép. Longueur et largeur.)

3. Qu'est-ce qu'un carré? (Rép. Quadrilatère à angles droits et à côtés égaux.)

4. Cette figure est-elle représentée dans le deuxième tableau ? (Rép. Oui, fig. 1 *.)

5. Qu'est-ce qu'un rectangle ? (Rép. Quadrilatère à angles droits.)

6. Quelle en est la longueur ? (Rép. **Le plus grand des deux** côtés.)

7. Quelle en est la largeur ? (Rép. Le plus petit des deux côtés.)

8. Peut-on prendre la base pour la hauteur et réciproquement ? (Rép. Oui.)

9. Le rectangle est-il représenté dans le deuxième tableau ? (Rép. Oui, fig. 8.)

10. Qu'est-ce qu'un mètre carré ? (Rép. Carré d'un mètre de côté.)

11. Cette figure a-t-elle été représentée dans le deuxième tableau ? (Rép. Non.)

12. Qu'est-ce qu'un décimètre carré ? (Rép. Carré d'un décimètre de côté.)

13. Cette figure est-elle représentée en vraie grandeur ? (Rép. Oui, fig. 2.)

14. Qu'est-ce qu'un centimètre carré ? (Rép. Carré d'un centimètre de côté.)

15. Cette figure est-elle représentée en vraie grandeur ? (Rép. Oui, fig. 4.)

16. Qu'est-ce qu'un millimètre carré ? (Rép. Carré d'un millimètre de côté.)

17. Cette figure est-elle représentée en vraie grandeur ? (Rép. Oui, fig. 7.)

18. Énoncez le principe fondamental des surfaces. (Rép. Côté décuple, surface centuple.)

19. Y a-t-il au deuxième tableau une figure qui le prouve ? (Rép. Oui ; décimètre carré décomposé en 100 centimètres carrés.)

---

* Les élèves ne citeront pas les numéros des figures si cela les embarrasse.

20. Y voit-on le centimètre carré décomposé en 100 millimètres carrés? (Rép. Oui, fig. 5.)

21. On double le côté d'un carré. Que devient le carré? (Rép. Quadruple.)

22. Que doit être le côté d'un carré pour que sa surface soit 16 fois plus grande que celle d'un autre? (Rép. 4 fois plus grand.)

25. Même question pour un carré 9 fois, 25 fois, plus grand? (Rép. Côté triple, quintuple.)

IIIe PARTIE. — INTERROGATIONS INDIVIDUELLES.

1. Tracez une ligne droite.

2. Tracez un angle droit.

3. Avez-vous mené une perpendiculaire sur une droite? (Rép. Oui.)

4. Tracez un angle aigu et un angle obtus.

5. Avez-vous mené une ligne oblique à une autre? (Rép. Oui.)

6. Tracez deux droites parallèles.

7. Citez des exemples de parallèles. (Rép. Les lignes d'un livre, d'une portée musicale, etc.)

8. On prend la moitié, le tiers, le quart, le cinquième.... du côté d'un carré ; que devient la surface de ce carré ? (Rép. 4 fois, 9 fois, 16 fois, 25 fois, etc., plus petite.)

9. Tracez un carré d'un décimètre de côté.

10. Comment l'appelle-t-on ?

11. Où est-il dans le deuxième tableau ? (Rép. C'est la fig. 2.)

12. Comment est-il décomposé? (Rép. En 100 décimètres carrés.)

15. Tracez un autre carré plus petit que le décimètre carré.

14. Tirez une diagonale.

15. Sur cette diagonale faites un carré.

16. Le second carré n'est-il pas le double du premier? (Rép. Oui, car il contient deux fois plus de parties que le premier.)

17. Qu'est-ce qu'un rectangle?

18. Montrez-en un sur le tableau. (Rép. Fig. 8.)

19. Dans le langage vulgaire, ne l'appelle-t-on pas un carré long? (Rép. Oui.)

20. Tracez un rectangle de 12 centimètres de long sur 7 centimètres de large.

21. Tracez ses deux diagonales.

22. Mesurez-les et concluez. (Rép. Elles sont égales.)

23. Montrez le centimètre carré. (Rép. Fig. 4.)

24. Montrez le millimètre carré. (Rép. Fig. 7.)

25. Montrez le centimètre carré décomposé en 100 millimètres carrés. (Rép. Fig. 5.)

DEUXIÈME LEÇON.

Ire PARTIE. — EXPLICATIONS.

1. Résumé de la première leçon sur les surfaces.

2. On appelle *dixième de mètre carré*, une des dix parties égales dans lesquelles un mètre carré est divisé ou supposé divisé.

3. Un *dixième de mètre carré* peut être représenté par un rectangle d'un mètre de long sur un décimètre de large.

4. *Le dixième de mètre carré vaut* 10 *décimètres carrés*. En effet, d'après le principe fondamental, le mètre carré vaut 100 décimètres carrés; donc le dixième du mètre carré vaut le dixième de 100 ou 10 décimètres carrés.

Nota. Le maître montrera le dixième de mètre carré décomposé en

10 décimètres carrés si le mètre carré représenté en vraie grandeur a été décomposé en 100 décimètres carrés. Il écrira les deux égalités suivantes :

$$1 \text{ mètre carré} = 100 \text{ décimètres carrés,}$$
$$\tfrac{1}{10} \text{ de mètre carré} = 10 \text{ décimètres carrés.}$$

Les élèves enregistreront ces égalités et celles qui suivent.

5. On appelle *centième de mètre carré* une des cent parties égales dans lesquelles un mètre carré est supposé divisé.

6. Le centième de mètre carré peut être représenté par un rectangle d'un mètre de long sur un centimètre de large.

7. *Le centième de mètre carré vaut* 100 *centimètres carrés.* En effet, nous venons de voir que le mètre carré vaut 100 décimètres carrés ; mais, d'après le principe fondamental le décimètre carré vaut 100 centimètres carrés ; donc *le mètre carré vaut* 100 *fois* 100 *ou* 10 000 *centimètres carrés ;* par conséquent, le centième de mètre carré vaut le 100ᵉ de 10 000, ou 100 centimètres carrés.

Nota. Le maître écrira :

$$1 \text{ mètre carré} = 10000 \text{ centimètres carrés,}$$
$$\tfrac{1}{100} \text{ de mètre carré} = 100 \text{ centimètres carrés.}$$

8. On appelle *millième de mètre carré* une des mille parties égales dans lesquelles un mètre carré est supposé divisé.

9. Un millième de mètre carré peut être représenté par un rectangle de 1 mètre de long sur 1 millimètre de large.

10. *Un millième de mètre carré vaut* 1000 *milli-*

mètres carrés. En effet, nous venons de voir que le mètre carré vaut 10 000 centimètres carrés ; or le centimètre carré vaut 100 millimètres carrés ; donc *le mètre carré vaut 10 000 fois 100 ou 1 000 000 de millimètres carrés ;* par conséquent, le millième du mètre carré vaut le millième d'un million, ou 1000 millimètres carrés.

Nota. Le maître écrira :

1 mètre carré $= 1000000$ de millimètres carrés.

$\frac{1}{1000}$ de mètre carré $= 1000$ millimètres carrés.

11. *Un dixième de décimètre carré vaut 10 centimètres carrés.* En effet, le décimètre carré en vaut 100, donc le dixième en vaut 10.

Nota. Le maître montrera la figure 3 ; c'est le dixième de décimètre carré décomposé en 10 décimètres carrés.

12. *Un dixième de centimètre carré vaut 10 millimètres carrés,* puisque le centimètre carré en vaut 100.

Nota. Le maître montrera la figure 6 ; c'est le dixième de centimètre carré décomposé en 10 millimètres carrés.

13. *Les mesures de surface n'ont pas entre elles les rapports que semblent indiquer leurs dénominations.* Le mètre carré et le décimètre carré, par exemple, au lieu d'être dans le rapport du mètre linéaire au décimètre linéaire, c'est-à-dire comme 10 est à 1, sont dans le rapport de 100 à 1. Réciproquement, le décimètre carré et le mètre carré sont dans le rapport de 1 à 100.

14. Le mot *déci* signifie *dixième* dans *décimètre carré*. Mais, avons-nous dit, le décimètre carré est le CENTIÈME et non le dixième du mètre carré.

15. Le mot *centi* signifie *centième* dans *centimètre* *carré*. Mais le centimètre carré est le DIX-MILLIÈME et non le centième du mètre carré.

Neuf mètres en carré, ne doivent pas être confondus avec *neuf mètres carrés* : neuf mètres en carré valent 81 mètres carrés, tandis que neuf mètres carrés n'en valent que 9.

NOTA. Ces diverses propositions étant bien comprises, les questions sur les surfaces n'auront plus rien d'embarrassant.

IIe PARTIE. — INTERROGATIONS COLLECTIVES.

1. Quelles sont les dimensions d'un dixième de mètre carré? (Rép. Un mètre sur un décimètre.)

2. Pourquoi le dixième de mètre carré vaut-il 10 décimètres carrés? (Rép. Le mètre carré en vaut 100.)

3. Quelles sont les dimensions du centième de mètre carré? (Rép. Un mètre sur un centimètre.)

4. Pourquoi le centième de mètre carré vaut-il 100 centimètres carrés? (Rép. Le mètre carré en vaut 10000.)

5. Quelles sont les dimensions du millième de mètre carré? (Rép. Un mètre sur un millimètre.)

6. Pourquoi le millième de mètre carré vaut-il 1000 millimètres carrés? (Rép. Le mètre carré en vaut 1 million.)

7. Pourquoi le dixième de décimètre carré vaut-il 10 centimètres carrés? (Rép. Le décimètre carré en vaut 100.)

8. Voit-on cela sur le tableau? (Rép. Oui, fig. 3.)

9. Pourquoi le dixième de centimètre carré vaut-il 10 millimètres carrés? (Rép. Le centimètre carré en vaut 100.)

10. Voit-on cela sur le tableau? (Rép. Oui, fig. 6.)

11. Les mesures de surface ont-elles entre elles les rapports que semblent indiquer leurs dénominations? (Rép. Non.)

12. Dans quel rapport sont le mètre carré et le décimètre carré? (Rép. Celui de 100 à 1.)

13. Réciproquement, dans quel rapport sont le décimètre carré et le mètre carré? (Rép. Celui de 1 à 100.)

14. Le décimètre carré est-il un dixième de mètre carré? (Rép. Non, un centième.)

15. Le centimètre carré est-il un centième de mètre carré? (Rép. Non, un dix-millième.)

16. Un millimètre carré est-il un millième de mètre carré? (Rép. Non, un millionième.)

IIIe PARTIE. — INTERROGATIONS INDIVIDUELLES.

NOTA. Ces interrogations consisteront à poser quelques-unes des questions précédentes, à faire montrer le dixième de décimètre carré décomposé en centimètres carrés, le dixième de centimètre carré décomposé en millimètres carrés, et à faire exécuter au tableau ces diverses décompositions.

TROISIÈME LEÇON.

Ire PARTIE. — EXPLICATIONS.

1. Résumé de la deuxième leçon sur les surfaces.

2. La figure 8 est l'indication du mesurage d'un rectangle.

1° On a mesuré la base, et on a trouvé 8 centimètres;

2° On a mesuré la hauteur, et on a trouvé 6 centimètres;

3° On a multiplié l'un par l'autre les nombres 8 et 6 qui indiquent, l'un la longueur, l'autre la largeur du rectangle, et on a trouvé 48;

4° On a conclu que le rectangle est de 48 centimètres carrés.

5. Ce que nous venons de dire n'est pas particulier à ce rectangle. Pour abréger, nous dirons : *un rectangle a pour mesure le produit de sa base par sa hauteur.*

4. Suivant la grandeur du rectangle, on mesurera sa longueur et sa largeur avec un décamètre, un mètre, un décimètre, un centimètre. *L'unite de surface est toujours le carré qui a pour côté l'unité linéaire.*

5. La contenance superficielle du rectangle sera évaluée en *décamètres carrés* si le décamètre a été l'unité linéaire.

6. Si on a mesuré avec le mètre, le mètre carré, autrement dit le mètre superficiel, sera l'unité de surface.

7. Le rectangle sera évalué en décimètres carrés, si on a mesuré les dimensions avec le décimètre, et ainsi de suite.

7 *bis. Lorsque les deux dimensions du rectangle sont très-inégales, c'est surtout la plus petite qu'il importe de bien mesurer.*

En effet, soit un rectangle de 10 centim. de long sur 4 centim. de large; superficie de 40 centim. carrés. Cela posé, une erreur de 1 centim. sur *la plus petite dimension* introduit une erreur de 10 centim. carrés dans la surface, tandis que une erreur de 1 centim. sur *la plus grande dimension* n'introduit qu'une erreur de 4 centim. carrés dans la même surface.

Donc, à *égalité d'erreur commise dans le mesurage des dimensions*, l'erreur provenant du plus petit facteur l'emporte sur celle que le plus grand facteur introduit dans le produit des deux nombres.

8. *Pour calculer l'une des dimensions d'un rectangle connaissant sa superficie et l'autre dimension,* on fera une division, parce qu'on connaîtra un produit de deux facteurs et l'un de ses facteurs.

9. *La surface d'un rectangle est de 48 centimètres carrés ; sa longueur est de 8 centimètres.* Quelle en est la largeur ? (Rép. 48 : 8 = 6 centimètres.)

10. Lorsque la longueur est égale à la largeur, on fait le produit d'un nombre par lui-même. Dans ce cas, on a évalué la surface d'un carré.

11. *Quelle est la mesure d'un carré de* 13 *mètres de côté ?* (Rép. 13 × 13 = 169 ; donc un carré qui a 13 mètres de long sur 13 mètres de large, a une superficie de 169 mètres carrés.)

12. *Quelle doit être la longueur du côté d'un carré pour que sa superficie soit de 4 mètres carrés ?* (Rép. Il faut trouver un nombre tel que, multiplié par lui-même, le produit soit égal à 4 ; donc le carré demandé doit avoir 2 mètres de côté.)

13. Pour qu'un carré soit de 169 mètres carrés, il faut que son côté soit de 13 mètres.

14. Pour qu'un carré soit de 10 000 mètres carrés, il faut que son côté soit d'un hectomètre.

15. Lorsqu'on multiplie un nombre par lui-même, 9 par 9, par exemple, le produit 81 peut être regardé comme désignant la superficie d'un carré dont la longueur du côté serait de 9 fois l'unité linéaire. C'est pour cela qu'en arithmétique le produit d'un nombre par lui-même s'appelle le *carré de ce nombre.*

16. Il ne faut pas confondre le *carré* d'un nombre avec le *double* de ce nombre. Le carré de 1000 est

1000 fois 1000 ou un million, tandis que le double de 1000 est 1000 plus 1000, ou deux mille.

17. Si on demandait quelle doit être la longueur du côté d'un carré pour que sa superficie fût de 4096 mètres carrés, il faudrait trouver un nombre tel qu'élevé au carré il reproduisît 4096. C'est ce qu'on appelle *extraire la racine carrée d'un nombre* *.

NOTA. Un *décimètre carré* est un carré d'un décimètre de côté. Or, $1^d = 0^m,1$; $0,1 \times 0,1 = 0,01$; donc *un décimètre carré est un centième de mètre carré*, ce que nous savions déjà par le principe fondamental. Même raisonnement pour le *centimètre carré* et le *millimètre carré*.

18. *Quelle est la contenance en mètres carrés d'une salle de 10 mètres 25 centimètres de long sur 8 mètres 35 centimètres de large ?*

Je multiplie 10,25 par 8,35 et j'obtiens 85,5875.

D'après cela, la contenance demandée est de 85 mètres carrés 5875 dix-millièmes de mètre carré.

19. Pour énoncer en décimètres carrés et en centimètres carrés la partie décimale du mètre carré, je groupe les chiffres *deux par deux*, et je dis : 58 décimètres carrés, 75 centimètres carrés.

En effet, d'après le principe fondamental, les 58 centièmes de mètre carré sont des *décimètres carrés*, puis, d'après le même principe, les 75 dix-millièmes de mètre carré sont des centimètres carrés.

20. Si la partie décimale renfermait cinq chiffres, on écrirait un 0 à la suite du cinquième ; le groupe des deux derniers exprimerait des millimètres carrés.

* Voir au besoin notre 6ᵉ édition d'Arithmétique in-8.

21. Pour rapporter la surface de la salle au décimètre carré, on écrirait

$$8558,75,$$

puisque l'unité de surface étant 100 fois plus petite que la précédente, il faut en prendre 100 fois plus, et, par conséquent, avancer la virgule de deux rangs vers la droite.

22. *La superficie d'une salle est de 85 mètres carrés 58 décimètres carrés 75 centimètres carrés ; sa longueur est de 10 mètres 25 centimètres. Quelle en est la largeur ?*

(Rép. $85,5875 : 10,25 = 8,35$; la dimension cherchée est donc de 8 mètres 35 centimètres.)

Nota. Comme on a dû mesurer les dimensions de la classe, des tableaux noirs, des tableaux de lecture, des ardoises, etc., on calculera les surfaces de ces divers objets, on écrira ces nombres sur le tableau, et les élèves les enregistreront comme termes de comparaison.

IIe PARTIE. — INTERROGATIONS COLLECTIVES.

1. Que représente la figure 8 ? (Rép. Mesure du rectangle.)

2. Mesure-t-on un rectangle comme on mesure une ligne droite, en portant une fois, deux fois, trois fois, etc., sur ce rectangle le carré pris pour unité de mesure ? (Rép. Non.)

3. Pourquoi cela ? (Rép. Ce serait peu praticable.)

4. Comment s'y prend-on ? (Rép. On mesure la base et la hauteur.)

5. Après cela, quel calcul fait-on ? (Rép. On multiplie la base par la hauteur.)

6. Si les deux dimensions du rectangle sont très-inégales, est-ce la plus grande ou la plus petite qu'on doit mesurer avec le plus de soin ? (Rép. La plus petite.)

7. Comment mesure-t-on un carré ? (Rép. On mesure son côté, et on multiplie le nombre par lui-même.)

8. Quelle est l'étendue d'un carré qui a 12 mètres de côté? (Rép. 144 mètres carrés.)

9. Quelle doit être la longueur du côté d'un carré pour que la superficie soit de 49 mètres carrés ? (Rép. De 7 mètres.)

10. Qu'est-ce que le carré d'un nombre ? (Rép. Produit du nombre par lui-même.)

11. Quel est le carré de 10 ? (Rép. 100.)

12. Quel est le double de 10 ? (Rép. 20.)

13. Quel est le nombre dont, par exception, le double est égal au carré ? (Rép. 2.)

14. Les carrés des neuf premiers nombres sont-ils renfermés dans la table de multiplication? (Rép. Oui.)

15. Comment y sont-ils disposés ? (Rép. En diagonale, de 1 à 81.)

16. Dans la mesure d'un rectangle, comment réunit-on les chiffres dont se compose la fraction décimale du mètre carré, quand on veut énoncer cette fraction en décimètres carrés, centimètres carrés et millimètres carrés ? (Rép. Deux par deux.)

17. Quand écrit-on un zéro à la droite du dernier chiffre? (Rép. Nombre impair de chiffres décimaux.)

IIIe PARTIE. — INTERROGATIONS INDIVIDUELLES.

NOTA. Après quelques-unes des questions précédentes, le maître posera les suivantes :

1. Montrez la figure qui est l'expression de la mesure du rectangle.

2. Tracez un rectangle sur le tableau noir.

3. Prenez ce mètre et mesurez les dimensions du rectangle.

4. Évaluez-en la surface.

5. Pourquoi est-ce la plus petite des deux dimensions qu'il faut mesurer avec le plus de soin? (Rép. Parce que le calcul de la surface sera plus exact.)

6. Deux figures dissemblables peuvent-elles avoir la même superficie? (Rép. Oui. Exemple : le décimètre carré et le rectangle d'un mètre de long sur un centimètre de large.)

QUATRIÈME LEÇON.

Ire PARTIE. — EXPLICATIONS.

1. Résumé de la troisième leçon sur les surfaces.

2. On appelle *triangle* la portion de surface comprise entre trois droites qui se rencontrent deux à deux.

NOTA. Le maître désignera la figure 9; il montrera les angles, les côtés, les sommets et la hauteur de ce triangle. Il montrera les deux triangles *rectangles* dans lesqnels se décompose le triangle total. Il montrera le côté opposé à l'angle droit, qu'on nomme *hypoténuse*. Il tracera ensuite ces diverses figures sur le tableau noir.

3. *Un triangle a pour mesure la moitié du produit de sa base par sa hauteur.*

En effet, la figure 9 montre que chacune des deux parties du triangle est la MOITIÉ de chacune des deux parties correspondantes du rectangle de même base et de même hauteur. Or, le rectangle de 10^c de long sur 7^c de large, a pour mesure le produit de sa base par sa hauteur ou $70^{cm\cdot q}$; donc le triangle qui en est la moitié a pour mesure la moitié du produit de sa base par sa hauteur ou 35^{cmq}.

4. *La base d'un triangle est de 7 mètres; sa hauteur est de 4 mètres. Quelle est sa superficie?*

(Rép. Pour prendre la moitié d'un produit, il suffit de prendre la moitié d'un des facteurs. La moitié de 4 est de 2; 2 fois 7 font 14, donc le triangle équivaut à 14 mètres carrés.)

5. *La base d'un triangle est de 6 mètres ; sa hauteur est de 5 mètres. Quelle est sa superficie ?*

(Rép. $3 \times 5 = 15$; donc le triangle équivaut à 15 mètres carrés.)

6. *La base d'un triangle est de 5 mètres, sa hauteur est de 3 mètres. Quelle est sa superficie ?*

(Rép. Comme je ne peux prendre la moitié ni du premier, ni du second facteur, je rejette la division à la fin de l'opération pour obtenir plus commodément le quotient par approximation, et je trouve 7 mètres carrés 50 décimètres carrés à un décimètre carré près.)

7. Si on proposait de construire un triangle de 12 mètres carrés, on pourrait satisfaire à la question de plusieurs manières ; on pourrait, par exemple, décomposer 12 en 3×4, et construire un triangle de 6 mètres de base sur 4 mètres de hauteur.

8. Lorsque le triangle est *rectangle*, on mesure de préférence les deux côtés de l'angle droit, et on prend la moitié du produit des nombres qui désignent ces mesures.

9. Un triangle rectangle dont les deux côtés de l'angle droit sont de 3 mètres et de 4 mètres, équivaut à 6 mètres superficiels.

Nota. Le maître tracera différents triangles sur le tableau noir, et évaluera leurs surfaces.

10. On appelle *polygone* la partie de surface comprise entre plusieurs droites qui se rencontrent deux à deux.

11. Le triangle est le polygone qui a le plus petit nombre de côtés.

12. On appelle *quadrilatère* un polygone de quatre côtés.

13. Parmi les quadrilatères nous connaissons le carré et le rectangle.

14. On appelle *pentagone* un polygone qui a cinq angles et par conséquent cinq côtés.

15. On appelle *hexagone* un polygone de six côtés.

On appelle hexagone *régulier* un hexagone qui a ses côtés et ses angles égaux. On en fait usage dans le carrelage.

Nota. Le maître tracera les figures indiquées aux n°^{os} 10, 12, 14, 15.

16. Pour évaluer la surface d'un polygone, on le décompose en triangles à l'aide de diagonales partant du même sommet; on mesure chacun d'eux, et on fait le total général.

Comme *vérification*, on pourrait décomposer la figure en triangles ayant pour sommet commun un point pris intérieurement dans le polygone.

Nota. Le maître exécutera le calcul des 68 centimètres carrés auxquels équivaut l'hexagone figure 10.

En voici le détail :

$$1^o \quad \frac{9 \times 5}{2} = 22,5 \text{ c·q}$$

$$2^o \quad \frac{11 \times 3}{2} = 16,5$$

$$3^o \quad \frac{11 \times 4}{2} = 22$$

$$4^o \quad \frac{7 \times 2}{2} = 7$$

$$\text{Total} \ldots \ldots 68^{\text{c·q}}$$

Le maître ne se contentera pas de cet exemple; il exécutera, sous les yeux des élèves, plusieurs calculs semblables au précédent.

Un exercice fort utile pour les élèves du *Cours de dessin linéaire* consistera à évaluer géométriquement les surfaces de plusieurs triangles, carrés, rectangles, quadrilatères quelconques, pentagones, hexagones, etc.

17. La figure 11 représente une équerre d'arpenteur ayant la forme octogone.

18. La figure 12 représente une équerre d'arpenteur ayant la forme ovoïde.

19. L'instrument est muni d'une *douille* (à l'intérieur) qu'on dévisse lorsqu'on veut placer l'appareil sur un bâton pointu par le haut et ferré par le bas. Quelquefois le bâton est remplacé par un *pied à trois branches*, lorsque le sol est trop pierreux pour y enfoncer le bâton de l'équerre.

20. Dans l'arpentage, l'équerre sert principalement à résoudre les deux problèmes suivants :

I. *Par un point donné sur une droite tracée ou jalonnée* ÉLEVER *une perpendiculaire à cette droite.*

II. *D'un point donné hors d'une droite* ABAISSER *une perpendiculaire sur cette droite.*

Nota. L'instituteur rural se contentera de montrer, d'une manière purement pratique, l'usage de l'équerre. Sa description détaillée serait trop compliquée pour les élèves.

IIᵉ PARTIE. — INTERROGATIONS COLLECTIVES.

1. Qu'est-ce qu'un triangle ? (Rép. Figure qui a trois angles.)

2. Cette figure est-elle représentée au tableau ? (Rép. Oui, fig. 9.)

3. Que faire pour décomposer un triangle en deux triangles *rectangles ?* (Rép. Abaisser une perpendiculaire sur un des côtés.)

4. Comment appelle-t-on cette perpendiculaire ? (Rép. Hauteur du triangle.)

5. Comment appelle-t-on le côté sur lequel tombe la hauteur ? (Rép. Base du triangle.)

6. Combien de hauteurs ? (Rép. Trois.)

7. Combien de bases? (Rép. Autant.)

8. Comment se nomme le côté opposé à l'angle droit d'un triangle? (Rép. Hypoténuse.)

9. Quel est le plus grand des trois côtés d'un triangle rectangle? (Rép. L'hypoténuse.)

10. Les deux côtés de l'angle droit peuvent-ils être égaux? (Rép. Oui.)

11. Est-ce ce qui a lieu quand on mène l'une des diagonales d'un carré? (Rép. Oui.)

12. Qu'est-ce qu'un triangle isocèle? (Rép. Triangle à deux côtés égaux.)

Nota. Le maître tracera un triangle isocèle; id. un triangle rectangle isocèle.

13. Un triangle peut-il avoir ses trois côtés égaux? (Rép. Oui.)

14. Dans ce cas, comment l'appelle-t-on? (Rép. Équilatéral.)

Nota. A l'occasion de cette question, le maître tracera un triangle équilatéral. Il mènera les trois hauteurs; il remarquera qu'elles aboutissent aux milieux des côtés, et qu'elles se croisent en un même point.

15. Quelle est la mesure d'un triangle? (Rép. Moitié du produit de la base par la hauteur.)

16. Comment a-t-on été conduit à prendre la moitié du produit de la base par la hauteur? (Rép. **Le triangle est la moitié du rectangle de même base et de même hauteur.**)

17. Que représente la figure 9? (Rép. Mesure du triangle.)

18. Quelle est la mesure d'un triangle de 7 mètres de base sur 4 mètres de hauteur? (Rép. 14 mètres carrés.)

19. Quelle est la superficie d'un triangle de 6 décimètres de base sur 5 décimètres de hauteur? (Rép. 15 décimètres carrés.)

20. Quelle est la grandeur d'un triangle de 5 centimètres de base sur 3 centimètres de hauteur? (Rép. 7 centimètres carrés 50 millimètres carrés.)

21. La surface d'un triangle est de 12 mètres carrés, sa base est de 4 mètres. Quelle est sa hauteur ? (Rép. 6 mètres.)

22. Comment construire un triangle de 12 mètres carrés de superficie? (Rép. 6 mètres sur 4 mètres.)

23. Quel est le moyen le plus simple pour mesurer un triangle rectangle? (Rép. Demi-produit des deux côtés de l'angle droit.)

24. Quelle est la superficie du triangle rectangle dont les deux côtés de l'angle droit sont de 3 mètres et de 4 mètres ? (Rép. 6 mètres carrés.)

25. Qu'est-ce qu'un polygone? (Rép. Figure à plusieurs angles.)

26. Quel est le polygone qui a le moins de côtés? (Rép. Le triangle.)

27. Qu'est-ce qu'un quadrilatère? (Rép. Figure à quatre côtés.)

28. Parmi les quadrilatères, quels sont ceux dont nous nous sommes particulièrement occupés? (Rép. Carré, rectangle.)

29. Qu'est-ce qu'un pentagone? (Rép. Polygone, cinq angles.)

30. Qu'est-ce qu'un hexagone? (Rép. Polygone, six angles.)

31. Dans le carrelage, fait-on usage des hexagones? (Rép. Oui.)

32. Chacun de ces hexagones n'a-t-il pas ses côtés égaux et ses angles égaux ? (Rép. Oui, c'est un hexagone *régulier.*)

33. Comment calcule-t-on la surface d'un polygone? (Rép. On le décompose en triangles.)

34. Que représente la figure 10? (Rép. Mesure d'un polygone.)

35. Que représente la figure 11? (Rép. Équerre octogone.)

36. Que représente la figure 12? (Rép. Équerre ovoïde.)

37. Sur quoi repose l'équerre? (Rép. Sur un bâton.)

38. A quoi sert l'équerre? (Rép. A mener des perpendiculaires.)

IIIᵉ PARTIE. — INTERROGATIONS INDIVIDUELLES.

NOTA. Le maître posera 1° quelques-unes des questions précédentes; 2° les questions suivantes :

1. Tracez un triangle dont les trois angles soient aigus.

2. Menez ses hauteurs.

3. Tracez un triangle équilatéral, puis ses hauteurs.

4. Tracez un carré.

5. Menez ses diagonales.

6. Comment est-il partagé ? (Rép. En quatre triangles rectangles, isocèles, ayant tous la même surface.)

7. Tracez un rectangle.

8. Menez une diagonale.|

9. Comment est-il partagé ? (Rép. En deux triangles rectangle ayant même surface.)

10. Tracez un quadrilatère quelconque et menez ses diagonales.

11. Tracez un pentagone et toutes ses diagonales.

12. Tracez un hexagone et toutes ses diagonales.

13. Tracez à main levée un hexagone régulier.

14. Montrez l'équerre octogone.

15. Montrez l'équerre ovoïde.

16. Comment place-t-on l'équerre sur son bâton ?

17. A quoi servent ces équerres? (Rép. A mener des perpendiculaires sur le terrain.)

CINQUIÈME LEÇON.

Ire PARTIE. — EXPLICATIONS.

1. Résumé de la quatrième leçon sur les surfaces.

2. Nous allons nous occuper des *mesures agraires*.

3. Les unités de surfaces dont nous avons parlé jusqu'à présent ne sont pas assez grandes pour représenter commodément l'étendue d'un jardin, d'une cour, d'un bois, d'une prairie, etc.

4. La principale unité des mesures agraires se nomme *are*.

5. On appelle *are* un carré qui a 10 mètres de côté.

6. Comme un décamètre vaut 10 mètres, on dit encore qu'un are est un *décamètre carré*.

7. D'une part, le décamètre carré est un carré de 10 mètres de côté; d'autre part, *un carré a pour mesure le carré de son côté;* donc un décamètre carré équivaut à 10×10 ou à 100 mètres carrés.

8. Puisqu'il y a 100 mètres carrés dans un are, le mètre carré est un centième d'are, ou un *centiare*.

9. On appelle *hectare* une superficie de 100 ares.

10. Les deux seuls préfixes en usage dans les mesures agraires sont : *hecto* pour le multiple, et *centi* pour le sous-multiple.

11. L'are vaut 100 mètres carrés; donc l'hectare vaut 100 fois 100 ou 10 000 mètres carrés.

$$1^{\text{hectare}} = 10000 \text{ mètres carrés,}$$
$$1^{\text{mètre carré}} = \frac{1}{10000} \text{ d'hectare.}$$

12. *Quelle longueur faut-il donner à un carré pour que sa superficie soit de* 10 000 *mètres carrés ?* D'après ce que nous avons dit dans la troisième leçon sur les surfaces, cette longueur doit être de 100 mètres, ou d'un hectomètre. Donc *l'hectare est un hectomètre carré.*

NOTA. Souvent on définit l'hectare un hectomètre carré de *dix mille mètres carrés de superficie.* Les mots en italique sont superflus. L'hectare est défini dès qu'on a fait connaître sa *forme* (carrée) et sa *grandeur* (carré d'un hectomètre de côté). Quelquefois aussi les définitions sont *incomplètes.* Le maître insistera particulièrement sur ce genre de fautes.

13. *Quelle est l'étendue d'une cour de 48 mètres*

de long sur 25 *mètres de large ?* (Rép. 48 $\times$ 25 ou 1200 mètres carrés.)

14. *Quelle est l'étendue d'un champ de* 200 *mètres de long sur* 50 *mètres de large ?* (Rép. 1 hectare.)

15. *Quelle est la contenance d'un jardin de* 57,5 *mètres de long sur* 32,4 *de large ?* (**Rép.** 18 ares 63 centiares.)

Nota. L'instituteur rural mesurera à la chaîne les dimensions d'un jardin, d'une cour, d'un champ, etc., et calculera en ares et centiares leurs superficies. Ce seront des nombres à enregistrer. Il fera piqueter avec des jalons les sommets d'un centiare, d'un are et d'un hectare. Ces premiers éléments d'arpentage seront fort utiles au point de vue de l'agriculture.

16. Pour évaluer un grand territoire comme celui d'un département, d'un État, etc., on prend pour unité le *kilomètre carré*, le *myriamètre carré*.

17. Un kilomètre carré est un carré de 1000 mètres de côté.

18. D'après le principe fondamental des surfaces *le kilomètre carré vaut* 100 *hectomètres carrés ou* 100 *hectares.*

$$1^{\text{kilomètre carré}} = 100 \text{ hectares,}$$
$$1^{\text{hectare}} = \tfrac{1}{100} \text{ de kilomètre carré.}$$

19. Un myriamètre carré est un carré de 10 000 mètres de côté.

20. *Le myriamètre carré vaut* 100 *kilomètres carrés, et par conséquent* 10 000 *hectares.*

$$1^{\text{myriamètre carré}} = 100 \text{ kilomètres carrés.}$$
$$1^{\text{myriamètre carré}} = 10000 \text{ hectares.}$$
$$1^{\text{kilomètre carré}} = \tfrac{1}{100} \text{ de myriamètre carré.}$$
$$1^{\text{hectare}} = \tfrac{1}{10000} \text{ de myriamètre carré.}$$

21. *On estime que la surface de la terre est en-*

viron de 5 millions 100 mille myriamètres carres.
L'exprimer en kilomètres carrés, et en hectares.

1°   5100000 myriamètres carrés,
2°   510000000 kilomètres carrés,
3°   51000000000 hectares.

IIe PARTIE. — INTERROGATIONS COLLECTIVES.

1. Quelle est la principale unité des mesures agraires (Rép. L'are.)

2. Qu'est-ce qu'un are ? (Rép. Carré de 10 mètres de côté.)

3. Est-ce un décamètre carré ? (Rép. Oui.)

4. Combien de mètres carrés dans un are ? (Rép. 100.)

5. Pourquoi le centiare est-il un mètre carré? (Rép. Il y a 100 mètres carrés dans un are.)

6. Qu'est-ce qu'un hectare? (Rép. Une étendue de 100 ares.)

7. Combien de mètres carrés ou de centiares dans un hectare? (Rép. 10 000.)

8. Pourquoi l'hectare est-il un hectomètre carré ? (Rép. Carré d'un hectomètre de côté.)

9. Pour les mesures agraires, emploie-t-on tous les multiples et tous les sous-multiples de l'are indiqués par les mots numériques? (Rép. Non, *hecto* et *centi*.)

10. Qu'est-ce qu'un kilomètre carré? (Rép. Carré de 1000 mètres de côté.)

11. Combien d'hectares dans un kilomètre carré? (Rép. 100.)

12. Qu'est-ce qu'un myriamètre carré? (Rép. Carré de 10 000 mètres de côté.)

13. Combien de kilomètres carrés dans un myriamètre carré? (Rép. 100.)

14. Comment convertir des hectares en kilomètres carrés ? (Rép. Division par 100.)

15. Comment convertir des myriamètres carrés en hectares ? (Rép. Multiplication par 10 000.)

Nota. Le maître fera son choix parmi les questions précédentes.

SIXIÈME ET DERNIÈRE LEÇON
SUR LE SECOND TABLEAU.

Iʳᶜ partie. — Résumé de la cinquième leçon sur les surfaces.

IIᵉ partie. — Interrogations collectives, récapitulatives
et directes sur la totalité du second tableau.

Nota. Le maître imitera ce qui a été fait dans la cinquième leçon pour le premier tableau, c'est-à-dire qu'il désignera une à une avec la baguette les 12 figures dans un ordre régulier, puis indistinctement.

IIIᵉ partie. — Interrogations individuelles, récapitulatives
et inverses sur la totalité du second tableau.

Nota. Le maître procédera encore par imitation. Il fera ici pour les surfaces ce qu'il a fait pour les longueurs.

Il recommandera aux élèves de ne pas employer les unités de mesures agraires appartenant à l'ancien système des poids et mesures.

AVERTISSEMENT.

Les explications relatives au second tableau étant terminées, les moniteurs feront avec celui-ci ce qu'ils ont fait avec le précédent.

TROISIÈME TABLEAU.

MESURES DE VOLUME.

PREMIÈRE LEÇON.

Iʳᵉ partie. — Explications.

1. Ce troisième tableau a pour titre : *Mesures de volume.*

2. Il y a une concordance frappante entre les figures de ce tableau et celles du précédent.

3. Cette correspondance facilitera beaucoup nos explications.

4. Les mesures de *volume* ou de *solidité* s'appliquent aux objets qui ont trois dimensions : *longueur*, *largeur* et *hauteur*, comme la salle où nous sommes réunis.

5. Au lieu de hauteur on dit, selon les cas, *profondeur*, *épaisseur*. On dira, par exemple, la profondeur d'une rivière, l'épaisseur d'une pièce de monnaie.

6. On appelle *cube* un solide compris sous six carrés égaux.

7. Dans un cube il y a six *faces*, HUIT *sommets*, DOUZE *arétes* ou *côtés*.

8. Il ne faut pas confondre une face avec un côté. Une face a longueur et largeur, tandis qu'un côté n'a qu'une dimension en longueur.

NOTA. Le maître montrera la figure 1 et les diverses parties de ce cube. Il en dessinera un sur le tableau noir. Il insistera sur ce que ce cube est vu en *perspective*, parce qu'il n'est pas possible de représenter réellement trois dimensions sur une surface, laquelle n'en a que deux. On ponctuera les lignes qui, sur le tableau, se coupent, mais qui, sur le cube, ne peuvent pas se rencontrer.

9. On appelle *parallélipipède rectangle* un solide compris sous six faces rectangulaires.

NOTA. Le maître montrera la figure 8. C'est un parallélipipède rectangle. Il en dessinera un sur le tableau noir. Il montrera sa base (rectangle inférieur), la longueur, la largeur et la hauteur. On peut s'en représenter le *volume* (*solide* ou *capacité*, ce qui est la même chose) comme celui d'une *caisse*. Les six faces sont parallèles et égales deux à deux et réunies entre elles par des arêtes perpendiculaires à l'une et à l'autre des faces parallèles. Les douze arêtes sont parallèles et égales quatre à quatre comme appartenant à des faces rectangulaires égales entre elles.

10. Le cube correspond au carré.

11. Le parallélipipède rectangle correspond au rectangle.

12. Le *rectangle* se change en un *carré* lorsque deux côtés contigus deviennent égaux ; de même le *parallélipipède* rectangle se change en *cube* lorsque trois *arêtes contiguës*, c'est-à-dire partant du même sommet, sont égales entre elles.

13. On appelle *mètre cube* un cube qui a 1 mètre de côté.

14. Les six faces du mètre cube sont des mètres carrés.

NOTA. La représentation d'un mètre cube en vraie grandeur serait une chose très-utile.

15. Un cube est un *décimètre cube*, *centimètre cube*, *millimètre cube*, suivant que la longueur de son arête est d'un décimètre, d'un centimètre et d'un millimètre.

NOTA. Le maître montrera ces trois solides. Ils sont représentés en vraie grandeur : figures 1, 4, 7.

Le maître insistera sur ce que, comme pour les longueurs et les surfaces, les mots *déci, centi, milli*, signifient *dixième, centième, millième* ; mais que, après avoir pris le dixième, le centième, le millième du mètre, il faut *concevoir* un cube ayant pour côté le dixième, le centième, le millième du mètre linéaire.

PRINCIPE FONDAMENTAL DES VOLUMES.

16. *Un cube contient un autre cube mille fois lorsque le côté du premier contient dix fois le côté du second.*

NOTA. Le maître dictera cet énoncé. La démonstration d'après laquelle on compare deux *boîtes cubiques* nous paraît être à la portée des élèves. Voir, au besoin, notre 3e édition d'Arithmétique in-12. Si cela n'était pas suffisamment clair, il faudrait avoir recours à une description toute matérielle.

IIᵉ PARTIE. — INTERROGATIONS COLLECTIVES.

1. Après les surfaces, de quoi nous occupons-nous? (Rép. Des volumes ou solidités.)

2. Y a-t-il concordance entre les figures de ce tableau et celles du précédent? (Rép. Oui.)

3. Quels sont les objets auxquels on applique la dénomination de volume ou de solide? (Rép. Ceux qui, comme cette salle, ont longueur, largeur et hauteur.)

4. La troisième dimension s'appelle-t-elle toujours hauteur? (Rép. Non, car on dit la profondeur d'une rivière, l'épaisseur d'une pièce de monnaie.)

5. Qu'est-ce qu'un cube? (Rép. Solide compris sous six carrés égaux.)

6. Combien de faces? (Rép. Six.) De sommets? (Rép. Huit.) D'arêtes ou côtés? (Rép. Douze.)

7. Peut-on dire indifféremment face ou côté d'un cube? (Rép. Non : une face est une surface, un côté est une ligne.)

8. Comment représenter au tableau noir un corps qui a trois dimensions? (Rép. En perspective.)

9. Qu'est-ce qu'un parallélipipède rectangle? (Rép. Solide à six faces rectangulaires.)

10. Le cube et le parallélipipède rectangle sont-ils représentés au tableau? (Rép. Oui, fig. 1 et 8.)

11. Dans les solides, quelle est la figure correspondante au carré? (Rép. Le cube.)

12. Quelle est la figure correspondante au rectangle? (Rép. Parallélipipède rectangle.)

13. En quoi se change un rectangle lorsque deux côtés contigus deviennent égaux? (Rép. En carré.)

14. En quoi se change un parallélipipède rectangle lorsque trois côtés aboutissant au même sommet deviennent égaux entre eux ? (Rép. En cube.)

15. Qu'est-ce qu'un mètre cube? (Rép. Cube d'un mètre de côté.)

16. Que sont les faces d'un mètre cube? (Rép. Des mètres carrés.)

17. Qu'est-ce qu'un décimètre cube? (Rép. Cube d'un décimètre de côté.)

18. Qu'est-ce qu'un centimètre cube ? (Rép. Cube d'un centimètre de côté.)

19. Qu'est-ce qu'un millimètre cube ? (Rép. Cube d'un millimètre de côté.)

20. Le décimètre cube, le centimètre cube et le millimètre cube sont-ils représentés? (Rép. Oui, fig. 1, 4, 7.)

21. Quel est le principe fondamental des volumes? (Rép. Côté 10 fois plus grand, volume 1000 fois plus grand.)

IIIe PARTIE. — INTERROGATIONS INDIVIDUELLES.

1. Montrez le cube représenté dans le troisième tableau.

2. Dessinez-en un sur le tableau noir.

3. Comptez les faces, les sommets, les côtés.

4. Montrez le parallélipipède rectangle.

5. Dessinez-en un.

6. Montrez sa longueur, sa largeur, sa hauteur; montrez les faces égales, les arêtes égales et parallèles.

7. On décuple le côté d'un cube. Que devient le cube? (Rép. 1000 fois plus grand.)

8. On double le côté d'un cube. Que devient le cube ? (Rép. 8 fois plus grand.)

9. On triple le côté d'un cube, que devient le cube? (Rép. 27 fois plus grand.)

10. On prend les $\frac{2}{3}$ du côté d'un cube. Que devient le cube ?
(Rép. Les $\frac{8}{27}$ de ce qu'il était.)

11. Rappelez la définition du carré d'un nombre. (Rép. C'est le produit de ce nombre par lui-même).

12. Qu'est-ce que le cube d'un nombre ? (Rép. C'est le produit de trois facteurs égaux à ce nombre.)

13. Écrivez les 10 premiers nombres sur la même ligne, puis au-dessous, leurs carrés et leurs cubes.

Rép.   1 —2 — 3 — 4 — 5 — 6 — 7 — 8 — 9 — 10
       1 —4 — 9 —16 — 25 — 36 — 49 — 64 — 81 — 100
       1 —8 —27 —64 —125 —216 —343 —512 —729 —1000

14. Quel est le triple de 10? (Rép. 30.)

15. Quel est le cube de 10 ? (Rép. 1000.)

16. Peut-on confondre le triple d'un nombre entier avec le cube de ce nombre? (Rép. Jamais.)

17. Comment appelle-t-on le nombre qui, multiplié par lui-même, reproduit un nombre donné? (Rép. On l'appelle la racine carrée de ce nombre.)

18. Quelles sont respectivement les racines carrées des dix nombres de la seconde ligne? (Rép. Ce sont les nombres de la première.)

19. Comment appelle-t-on le nombre dont le cube reproduit un nombre donné ? (Rép. On l'appelle racine cubique du nombre.)

20. Quelles sont les racines cubiques des dix nombres de la troisième ligne? (Rép. Ce sont les nombres de la première.)

DEUXIÈME LEÇON.

Ire PARTIE. — EXPLICATIONS.

1. Résumé de la première leçon sur les volumes.

2. On appelle *dixième de mètre cube*, une des dix parties égales dans lesquelles un mètre cube est conçu partagé.

3. *Le dixième de mètre cube vaut* 100 *décimètres cubes.* En effet, d'après le principe fondamental, le mètre cube vaut 1000 décimètres cubes; donc le dixième du mètre cube vaut le 10e de 1000, ou 100 décimètres cubes.

1 mètre cube = 1000 décimètres cubes.

$$\frac{1}{10} \text{ mètre cube} = 100 \text{ décimètres cubes.}$$

4. On appelle *centième de mètre cube*, la centième partie du mètre cube.

5. *Le centième de mètre cube vaut* 10 000 *centimètres cubes.* En effet, nous venons de dire que le mètre cube vaut 1000 décimètres cubes. Or, d'après le principe fondamental, le décimètre cube vaut 1000 centimètres cubes; donc le mètre cube vaut 1 000 000 de centimètres cubes; par conséquent le centième de mètre cube vaut 10 000 centimètres cubes.

1 mètre cube = 1 000 000 de centimètres cubes.

$$\frac{1}{100} \text{ mètre cube} = 10 000 \text{ centimètres cubes.}$$

6. On appelle *millième de mètre cube*, la millième partie du mètre cube.

7. *Le millième du mètre cube vaut un million de millimètres cubes.* En effet, nous venons de dire que le mètre cube vaut 1 000 000 de centimètres cubes; or le centimètre cube vaut 1000 millimètres cubes; donc le mètre cube vaut 1000 millions, ou un billion de millimètres cubes; par conséquent le millième du mètre cube vaut le 1000ᵉ de 1 000 000 000, ou un million de millimètres cubes.

$$1 \text{ mètre cube} = 1\,000\,000\,000 \text{ de millimètres cubes.}$$

$$\frac{1}{1000} \text{ mètre cube} = 1\,000\,000 \text{ de millimètres cubes.}$$

8. *Un dixième de décimètre cube vaut* 100 *centimètres cubes.* En effet, le décimètre cube vaut 1000 centimètres cubes ; donc le dixième en vaut 100.

9. *Le centième de décimètre cube vaut* 10 *centimètres cubes,* puisque le dixième en vaut 100.

Nota. Le maître montrera la figure 3 relative à cette décomposition.

10. *Le dixième de centimètre cube vaut* 100 *millimètres cubes.* En effet, le centimètre cube vaut 1000 millimètres cubes ; donc le dixième en vaut 100.

11. *Le centième de centimètre cube vaut* 10 *millimètres cubes,* puisque le dixième en vaut 100.

Nota. Le maître montrera la figure 6 relative à cette décomposition.

12. *Les mesures de volume n'ont pas entre elles les rapports que semblent indiquer les dénominations.* Le mètre cube et le décimètre cube sont non pas dans le rapport de 10 à 1, mais dans celui de 1000 à 1.

13. Le mot *déci* signifie *dixième* dans *décimètre cube.* Mais, avons-nous dit, le décimètre cube est le MILLIÈME et non le dixième du mètre cube. Le mot *centi* signifie *centième* dans *centimètre cube ;* mais le centimètre cube est le MILLIONIÈME du mètre cube. Enfin, *milli* signifie *millième* dans *millimètre cube,* qui est le BILLIONIÈME du mètre cube.

14. Nous avons démontré qu'un rectangle a pour

mesure le produit de sa base par sa hauteur ; par analogie, nous dirons qu'*un parallélipipède rectangle
a pour mesure le produit de sa base par sa hauteur.
L'unité de volume est toujours le cube qui a pour côté
l'unité linéaire.*

Nota. Le maître dessinera un parallélipipède rectangle ; il montrera
la base et la hauteur du rectangle sur lequel repose le solide, puis la
hauteur de ce solide, et il dira que, pour évaluer le volume d'un parallélipipède rectangle, il faut mesurer la longueur, la largeur, la
hauteur, puis multiplier entre eux les nombres provenant de ces trois
mesurages.

*Lorsque les trois dimensions sont très-inégales,
c'est la plus petite qu'il faut le mieux mesurer.*

Soient 2 centim., 8 centim. et 30 centim. ces dimensions. Le
volume est de 480 centimètres cubes. — Une erreur de 1 centim.
sur la *plus petite dimension* introduit une erreur de 240 centim.
cubes dans le volume, tandis que une erreur de 1 centim. sur la
plus grande dimension n'introduit qu'une erreur de 16 centim.
cubes dans ce même volume.

15. *Quel est le volume d'un parallélipipède rectangle dont la longueur, la largeur et la hauteur sont
respectivement de 2 mètres, 3 mètres et 5 mètres ?*
(Rép. de $2 \times 3 \times 5$ ou de 30 mètres cubes.)

16. Ce volume serait de 30 décimètres cubes, si le
décimètre était l'unité linéaire.

17. Ce volume serait de 30 centimètres cubes, si
le centimètre était l'unité linéaire.

Nota. Le maître fera le calcul du volume du parallélipipède rectangle
représenté au tableau figure 8. Ses dimensions étant de 11ᶜ, 7ᶜ, 8ᶜ ; ce
volume est de 616 centimètres cubes.

18. *Quel est le volume d'un cube de 2 décimètres
de côté ?* (Rép. La longueur, la largeur et la hauteur
étant chacune de 2 décimètres, je multiplie 2 par 2,
puis le produit par 2 ; autrement dit, je fais le cube

de 2, et je conclus que le volume du solide est de 8 décimètres cubes.)

19. *Quel est le volume d'une salle de* $12^m,75$ *de long sur* $10^m,25$ *de large, et* $5^m,35$ *de haut ?*

(Rép. Je fais le produit des nombres 12,75 ; 10,25 ; 5,35 ; je trouve 699,178 125, et je conclus que le volume cherché est de 699 mètres cubes et 178 125 millionièmes de mètre cube.)

20. Pour énoncer en *décimètres cubes* et *centimètres cubes* la fraction décimale du mètre cube, je réunis les chiffres *trois par trois*, et j'énonce 178 décimètres cubes 125 centimètres cubes. En effet, d'après le principe fondamental, les 178 millièmes de mètre cube sont des décimètres cubes, et, d'après le même principe, les 125 millionièmes de mètre cube sont des centimètres cubes.

21. Si la partie décimale était composée de sept chiffres, on écrirait deux zéros à la droite du septième chiffre, et la troisième tranche de trois chiffres exprimerait des *millimètres cubes*.

22. Si le volume d'un bloc de marbre était de 351 120 centimètres cubes, on écrirait

351 120

351,120

0,351120

selon qu'on prendrait pour unité le centimètre cube, le décimètre cube, le mètre cube.

23. * La figure 9 représente un parallélipipède rectangle tronqué ; on appelle ainsi un parallélipipède rectangle dont la base supérieure est inclinée par rapport à la base inférieure.

24. Il est utile de savoir évaluer le volume d'un parallélipipède rectangle tronqué. Voici le détail des calculs qui se rapportent à cette figure.

$$
\begin{aligned}
\text{longueur} &\dots\dots\dots\dots\dots\dots\dots\dots\dots\dots\dots\dots & 6\ \text{c.} \\
\text{largeur} &\dots\dots\dots\dots\dots\dots\dots\dots\dots\dots\dots & 4\ \text{c.} \\
1^{\text{re}}\ \text{hauteur} &\dots\dots\dots\dots\dots\dots\dots\dots\dots\dots & 4\ \text{c.} \\
2^{\text{e}}\ \text{hauteur} &\dots\dots\dots\dots\dots\dots\dots\dots\dots & 5\ \text{c.} \\
3^{\text{e}}\ \text{hauteur} &\dots\dots\dots\dots\dots\dots\dots\dots\dots & 7\ \text{c.} \\
4^{\text{e}}\ \text{hauteur} &\dots\dots\dots\dots\dots\dots\dots\dots\dots & 8\ \text{c.} \\
\text{base du solide} &\dots\dots\dots\dots\dots\dots 6\times4=24 \\
\text{hauteur moyenne} &\dots\dots\dots\dots \frac{4+5+7+8}{4}=6\ \text{c.} \\
\text{volume du solide} &\dots\dots\dots\dots\dots 24\times6=144\ \text{c. c.}
\end{aligned}
$$

25. Lorsqu'un solide peut être décomposé en parallélipipèdes rectangles tronqués, on mesure chacun d'eux et on fait la somme.

Voici le détail des calculs qui se rapportent à la figure 10.

1° base=4 c. q.	haut. moy.=5 c,5	1er vol.=22 c. c.
2° base=4	haut. moy.=7	2e vol. =28
3° base=4	haut. moy.=8	3e vol. =32
4° base=4	haut. moy.=9,5	4e vol. =38
5° base=4	haut. moy.=9,5	5e vol. =38
6° base=4	haut. moy.=11	6e vol. =44

Vol. $\overline{202}$ c. c.

(Ce genre de calcul trouve son application dans les déblais et remblais de terrains.)

* L'institutrice laissera de côté les n°s 23, 24, 25.

26. On appelle *stère* un mètre cube de bois à brûler, ou son équivalent.

27. On appelle *membrure* un appareil de charpente servant à mesurer les bois de chauffage.

28. Les deux parties séparées, mais que l'on réunit pour le mesurage, sont la *membrure proprement dite*, et le *châssis*.

29. La *membrure double stère* (fig. 1, 2ᵉ partie du Livret) est principalement formée : 1° d'une *sole* ou pièce de bois horizontale, en chêne, de $3^m,20$ de long sur 12 centimètres de large et 7 centimètres de haut; 2° de deux *montants* faisant corps avec la sole, de 88 centimètres de haut, sur 12 centimètres de large, et 7 centimètres d'épaisseur; à l'intérieur, l'écart de ces montants est de 2 mètres; 3° de deux *contre-fiches* destinées à maintenir les montants perpendiculairement à la sole.

30. Le *châssis* (fig. 2) est un assemblage rectangulaire composé de cinq pièces de bois. Les deux principales, nommées *sous-traits*, sont destinées à soutenir les extrémités des bûches; leur écart est de $1^m,137$ en dehors; la longueur est de $2^m,10$; la largeur de 5 centimètres; la hauteur est de 12 centimètres; les deux sous-traits sont assemblés l'un à l'autre par trois traverses.

31. La *membrure stère* est construite sur le même modèle; seulement la sole n'a que $2^m,20$ de longueur; les deux montants ne sont séparés que de 1 mètre en dedans; le châssis n'a que $1^m,05$ de longueur. Les autres dimensions et grosseurs de bois, restent les mêmes.

32. *Pour former un stère de bois*, on réunit le châssis et la membrure proprement dite (fig. 3), puis on pose des bûches entre les deux montants, sur la sole et les deux sous-traits. C'est la première couche; on en fait une deuxième, puis une troisième, etc, jusqu'à la hauteur de la corde qui sert à régler le plein de la mesure.

33. Pour savoir si les bûches ainsi disposées forment un mètre cube, il suffit de multiplier entre eux les nombres qui désignent respectivement la *longueur des bûches*, la *hauteur des montants* et l'*écart de ces montants*.

Le calcul donne

$$1,137 \times 0,88 \times 1 = 1^{m.c},00056.$$

Cela fait donc 1 mètre cube, à 1 millième près, ou à 1 décimètre cube près.

34. Le consommateur est libre d'acheter le bois à la mesure ou au poids[*].

35. On appelle *décastère* une mesure de dix stères, et *décistère* une mesure d'un dixième de stère.

AVERTISSEMENT.

Vu la longueur de la deuxième leçon sur les volumes, on renverra à la suivante les interrogations collectives et les interrogations individuelles.

Ce que nous conseillons pour cette leçon, pourra être fait pour d'autres, conformément à ce que nous avons dit dans l'instruction pédagogique, qu'*en matière d'enseignement il n'y a rien d'absolu.*

---

[*] L'achat à la mesure est indiqué dans la loi. L'achat au poids n'est qu'une *tolérance*.

TROISIÈME LEÇON.

Ire PARTIE. — RÉSUMÉ DE LA DEUXIÈME LEÇON SUR LES VOLUMES.

IIe PARTIE. — INTERROGATIONS COLLECTIVES SUR LA LEÇON PRÉCÉDENTE.

1. Combien le dixième de mètre cube vaut-il de décimètres cubes? (Rép. 100.)

2. Combien le centième de mètre cube vaut-il de centimètres cubes? (Rép. 10 000.)

3. Combien de millimètres cubes dans un millième de mètre cube? (Rép. Un million.)

4. Combien de centimètres cubes dans un dixième de décimètre cube? (Rép. 100.)

5. Combien de centimètres cubes dans un centième de décimètre cube? (Rép. 10.)

6. Avons-nous ici une figure relative à cette décomposition? (Rép. Oui, fig. 3.)

7. Combien de millimètres cubes dans un dixième de centimètre cube? (Rép. 100.)

8. Combien de millimètres cubes dans un centième de centimètre cube? (Rép. 10.)

9. Avons-nous un dessin relatif à cette décomposition? (Rép. Oui, fig. 6.)

10. Les mesures de volume ont-elles les rapports que semblent indiquer leurs dénominations? (Rép. Non.)

11. Un décimètre cube est-il un dixième de mètre cube? Rép. Non, un millième.)

12. Rappelez la mesure d'un rectangle. (Rép. Produit de la base par la hauteur.)

13. Rappelez la figure qui correspond au rectangle. (Rép. Parallélipipède rectangle.)

14. Par analogie, quelle est la mesure d'un parallélipipède rectangle ? (Rép. Produit de la base par la hauteur.)

15. Combien de dimensions à mesurer pour connaître le volume intérieur de cette salle ? (Rép. Trois.)

Nota. Le maître calculera le volume de la classe. Il écrira le nombre sur le tableau. Ce sera un résultat à enregistrer et à retenir par cœur comme terme de comparaison.

16. Comment obtenir le volume d'une boîte cubique ? (Rép. On mesure le côté et on en fait le cube.)

17. Quel est le volume intérieur d'un vase cubique de 2 décimètres de côté ? (Rép. 8 décimètres cubes.)

18. Comment groupe-t-on les chiffres d'une fraction décimale de mètre cube ? (Rép. De trois en trois.)

19. Comment transformer des décimètres cubes en mètres cubes ? (Rép. Division par 1000.)

20. Comment transformer des centimètres cubes en mètres cubes ? (Rép. Division par 1 million.)

21. Comment transformer des millimètres cubes en mètres cubes ? (Rép. Division par 1 billion.)

22. Que représente la figure 9 ? (Rép. Parallélipipède rectangle tronqué.)

23. Que représente la figure 10 ? (Rép. Décomposition d'un solide en parallélipipèdes rectangles tronqués.)

24. Qu'est-ce qu'un stère ? (Rép. Mètre cube de bois de chauffage.)

25. Qu'appelle-t-on membrure ? (Rép. Appareil en usage dans les chantiers de bois.)

26. Quelles sont les parties principales de la membrure double stère ? (Rép. Sole, montants, contre-fiches.)

27. Qu'est-ce que le châssis ? (Rép. Cinq pièces de bois réunies.)

28. Y a-t-il des membrures stère ? (Rép. Oui.)

29. Comment forme-t-on le stère ? (Rép. On superpose les bûches jusqu'à la hauteur de la corde.)

30. Quelle opération faut-il faire pour vérifier ce mesurage? (Rép. Multiplication de trois nombres.)

31. Comment vend-on le bois? (Rép. A la mesure ou au poids.)

32. Qu'est-ce qu'un décastère? (Rép. 10 stères.)

33. Qu'est-ce qu'un décistère? (Rép. Un dixième de stère.)

IIIe PARTIE. — QUESTIONS INDIVIDUELLES SUR LA TROISIÈME LEÇON.

NOTA. Le maître reprendra en sous-œuvre quelques-unes des questions précédentes pour en avoir les explications raisonnées ; il terminera par les suivantes.

1. Quelle fraction le décimètre cube est-il du mètre cube? (Rép. Le millième.)

2. Quelle fraction le centimètre cube est-il du décimètre cube? (Rép. Le millième.)

3. Quelle fraction le millimètre cube est-il du centimètre cube? (Rép. Le millième.)

4. Quelle fraction le centimètre cube est-il du mètre cube? (Rép. Le millième du millième, ou le millionième.)

5. Quelle fraction le millimètre cube est-il du mètre cube? (Rép. Le millième du millième du millième, ou le billionième.)

QUATRIÈME ET DERNIÈRE LEÇON
SUR LE TROISIÈME TABLEAU.

Ire PARTIE. — INTERROGATIONS COLLECTIVES, RÉCAPITULATIVES ET DIRECTES SUR LA TOTALITÉ DU TROISIÈME TABLEAU.

NOTA. Le maître imitera ce qui a été fait dans les dernières leçons sur les longueurs et les surfaces.

IIe PARTIE. — INTERROGATIONS INDIVIDUELLES, RÉCAPITULATIVES ET INVERSES SUR LE TROISIÈME TABLEAU.

NOTA. Le maître imitera ce qui a été fait pour les longueurs et les surfaces.

AVERTISSEMENT.

Les explications du maître relatives au troisième tableau étant terminées, les moniteurs et les monitrices feront avec ce troisième tableau ce qui a été fait avec les deux premiers.

QUATRIÈME TABLEAU.

MESURES DE CAPACITÉ POUR LES LIQUIDES[*].

PREMIÈRE LEÇON.

Iʳᵉ PARTIE. — EXPLICATIONS.

1. Ce quatrième tableau est consacré aux *mesures de capacité* ou de *contenance* pour les liquides, tels que le vin, le lait, l'huile, les eaux-de-vie, etc.

2. Le *litre* est l'élément de toutes les mesures de capacité.

3. Le litre est un *décimètre cube*, c'est-à-dire un vase cubique ayant intérieurement 1 décimètre de long, 1 décimètre de large et 1 décimètre de haut.

4. Les multiples décimaux du litre sont le *décali-*

---

[*] On ne saurait trop insister sur ce que, contrairement à ce que semble indiquer le sous-titre du quatrième tableau, les *capacités* des mesures en étain, en fer-blanc, ont été réduites au *huitième* parce ce que leurs dimensions (hauteur et diamètre) ont été réduites de moitié. — Soit le litre : doublez la hauteur, doublez le diamètre ; de cette manière, la capacité figurée deviendra *huit fois* plus grande, et vous aurez le litre réel.

(Observation analogue pour les mesures en bois, et pour les poids.)

tre qui vaut 10 litres, l'*hectolitre* qui vaut 100 litres, et le *kilolitre* qui vaut 1000 litres.

5. Les sous-multiples du litre sont le *décilitre*, dixième partie du litre; le *centilitre*, centième partie du litre; et le *millilitre*, millième partie du litre.

6. Un centilitre est la centième partie du litre, par conséquent d'un décimètre cube, par conséquent de 1000 centimètres cubes; donc le centilitre équivaut à 10 centimètres cubes.

7. Un décilitre valant 10 fois plus que le centilitre, équivaut à 100 centimètres cubes.

8. Le décalitre équivaut à 10 décimètres cubes.

9. L'hectolitre équivaut à 100 décimètres cubes.

10. Le kilolitre vaut 1000 litres, ou 1000 décimètres cubes, et par conséquent un mètre cube.

11. Comme les vases cubiques sont d'une construction difficile et d'un emploi incommode, on a dans le commerce adopté de préférence la forme *cylindrique* pour toutes les mesures de capacité.

12. Les mesures pour les liquides, tels que le vin, la bière, etc., sont les suivantes :

double hectolitre,		double litre,
hectolitre,		litre,
demi-hectolitre,	Peu en usage.	demi-litre,
double décalitre,		double décilitre,
décalitre,		décilitre,
demi-décalitre,		demi-décilitre,
		double centilitre,
		centilitre (peu en usage).

13. A partir du double litre jusqu'au centilitre

inclusivement, ces mesures sont en *étain*, le plus ordinairement avec anses, sans couvercle. Le tout coûte environ 18 francs*.

14. Ces huit mesures sont représentées en demi-grandeur.

Nota. Le maître les désignera une à une avec la baguette en les appelant par leur nom.

15. A l'intérieur, la hauteur est double du diamètre.

Nota. Le maître dressera le tableau suivant, et les élèves copieront les nombres qui y sont renfermés.

	Hauteur en millimètres.	Diamètre en millimètres.
Double litre	216,7	108,4
Litre	172,0	86,0
Demi-litre	136,6	68,3
Double décilitre. . . .	100,6	50,3
Décilitre	79,9	39,9
Demi-décilitre	63,4	31,7
Double centilitre . . .	46,7	23,4
Centilitre.	37,1	18,5

16. Pour la vente du lait et de l'huile en détail, on se sert des mesures suivantes :

double litre,
litre,
demi-litre,
double décilitre,
décilitre,
demi-décilitre (peu en usage)

* Comme question d'hygiène et de bon marché, le métal employé dans la fabrication de ces mesures ne doit pas contenir moins de 82 centièmes d'étain pur sur 18 centièmes de plomb. Les sels de plomb sont vénéneux, et l'étain coûte cher.

17. Ces mesures sont en *fer-blanc*, et on les munit à volonté d'anses ou de crochets.

Noⓣᴀ. Le maître les désignera une à une avec la baguette en les appelant par leur nom*.

18. A l'intérieur, la hauteur est égale au diamètre.

Noⓣᴀ. Le maître écrira les nombres suivants, que copieront les élèves :

	Hauteur en millimètres.
Double litre	136,6
Litre	108,4
Demi-litre	86,0
Double décilitre. . . .	63,4
Décilitre	50,3
Demi-décilitre	39,9

IIᵉ PARTIE. — INTERROGATIONS COLLECTIVES.

1. Que fait connaître le quatrième tableau? (Rép. Mesures cylindriques en étain et en fer-blanc.) — Les *dimensions* de ces mesures ont-elles été réduites? (Rép. Oui, de moitié.) — Leurs *capacités* ont-elles été reduites? (Rép. Oui, au huitième.)

2. Quel est l'élément des mesures de capacité? (Rép. Le litre.)

3. Qu'est-ce que le litre? (Rép. Décimètre cube.)

4. Qu'est-ce qu'un décalitre? (Rép. 10 litres.)

* Ordinairement, l'anse est pour l'huile et le crochet pour le lait. La collection des six mesures coûte de 2 à 3 francs.

Règle générale. Toutes les mesures de capacité et de poids portent sur une de leurs faces l'indication en toutes lettres de la mesure qu'elles représentent. Elles portent en outre deux empreintes : l'une *primitive*, l'autre *périodique*. — Ces empreintes proviennent des *poinçonnages*. Pour les mesures en fer-blanc, le fabricant a soin de placer pour recevoir les marques du vérificateur deux gouttes d'étain aplaties : l'une au bord supérieur, l'autre à la jonction du fond de la mesure. A l'occasion des mesures de capacité, le maître recommandera aux élèves de ne pas imiter l'exemple de ceux qui se servent des anciennes dénominations : *chopine, pinte, canon, setier, demi-setier.*

5. Qu'est-ce qu'un hectolitre? (Rép. 100 litres.)

6. Qu'est-ce qu'un kilolitre? (Rép. 1000 litres.)

7. Qu'est-ce qu'un décilitre? (Rép. Dixième de litre.)

8. Qu'est-ce qu'un centilitre? (Rép. Centième de litre.)

9. A combien de centimètres cubes le centilitre équivaut-il? (Rép. A 10.)

10. A combien de centimètres cubes le décilitre équivaut-il? (Rép. A 100.)

11. A combien de décimètres cubes le décalitre équivaut-il? (Rép. A 10.)

12. A combien de décimètres cubes l'hectolitre équivaut-il? (Rép. A 100.)

13. A quoi équivaut le kilolitre? (Rép. Au mètre cube.)

14. Les mesures de capacité sont-elles employées sous forme cubique? (Rép. **Non**, mais sous forme cylindrique, plus commode et moins coûteuse.)

15. Énumérez les huit mesures en étain représentées en demi-grandeur. (Rép. Litre, décilitre, centilitre, leurs doubles et leurs moitiés, le centilitre excepté.)

16. A l'intérieur, qu'est la hauteur comparée au diamètre? (Rép. Le double.)

17. Connaissons-nous ces deux dimensions en millimètres? (Rép. Oui.)

18. De quoi se sert-on pour la vente en détail de l'huile et du lait? (Rép. De mesures en fer-blanc avec anses ou crochets.)

19. Les six mesures sont-elles représentées au tableau? (Rép. Oui.)

20. Qu'est leur hauteur intérieure comparée au diamètre? (Rép. La même.)

21. Toute mesure doit-elle porter sur une de ses faces l'indication de ce qu'elle représente? (Rép. Oui.)

22. Toute mesure en usage dans le commerce doit-elle être poinçonnée? (Rép. Oui, primitivement et périodiquement.)

Nota. Le maître désignera avec la baguette les quatorze mesures, et les élèves les nommeront au fur et à mesure.

IIIe PARTIE. — INTERROGATIONS INDIVIDUELLES.

NOTA. Le maître posera quelques-unes des questions précédentes.

DEUXIÈME ET DERNIÈRE LEÇON
SUR LE QUATRIÈME TABLEAU.

Ire PARTIE. — RÉSUMÉ DE LA LEÇON PRÉCÉDENTE.

IIe PARTIE. — INTERROGATIONS COLLECTIVES, RÉCAPITULATIVES ET DIRECTES SUR LA TOTALITÉ DU QUATRIÈME TABLEAU.

NOTA. La marche à suivre est la même que pour les tableaux précédents.

IIIe PARTIE. — INTERROGATIONS INDIVIDUELLES, RÉCAPITULATIVES ET INVERSES SUR LE QUATRIÈME TABLEAU.

(Même observation.)

AVERTISSEMENT.

Les moniteurs et les monitrices feront avec le quatrième tableau ce qui a été fait avec les tableaux précédents.

CINQUIÈME TABLEAU.

MESURES DE CAPACITÉ POUR LES GRAINS ET AUTRES MATIÈRES SÈCHES.

PREMIÈRE LEÇON.

Ire PARTIE. — EXPLICATIONS.

1. Les mesures de capacité tant pour les grains que pour les autres matières sèches sont :

l'*hectolitre*, le *décalitre*,
le *litre*, le *décilitre*.

2. Il est permis d'employer les doubles et les moitiés de ces mesures,

3. Contrairement à ce que nous avons dit pour les liquides, il n'y a ni double centilitre ni centilitre. La plus petite mesure est le demi-décilitre, qui ne sert guère qu'à échantillonner des graines.

4. Comme pour les liquides, toutes ces mesures sont cylindriques, mais *la hauteur intérieure est égale au diamètre.*

5. En voici l'énumération :

	Hauteur en millimètres.
Double hectolitre	634 (peu en usage)
Hectolitre.	503,1
Demi-hectolitre	399,3
Double décalitre.	294,2
Décalitre	233,5
Demi-décalitre	185,3
Double litre	136,6
Litre.	108,4
Demi-litre	86,0
Double décilitre	63,4
Décilitre	50,3
Demi-décilitre	39,9 (peu en usage)

Nota. Les élèves copieront ce tableau. Le maître rappellera aux élèves du cours de dessin qu'ils auront à reproduire en vraie grandeur les mesures de capacité du troisième et du quatrième tableau.

6. Le double hectolitre ne sert guère que dans la grande industrie.

7. L'hectolitre et surtout le demi-hectolitre sont très-employés pour la vente du charbon.

8. Le décalitre et le double décalitre servent principalement à la vente des céréales.

9. Dans les mesures en bois, on appelle *potence* l'assemblage de deux tringles en fer dont sont munis, intérieurement et à équerre, le double hectolitre, l'hectolitre et le demi-hectolitre. La potence est souvent remplacée par des poignées en fer.

10. Les trois grandes mesures dont nous venons de parler reposent habituellement sur trois pieds.

11. Le double hectolitre, l'hectolitre, le demi-hectolitre et le double décalitre sont *bordés* et *ferrés*. Toutes les autres mesures en bois sont bordées et ferrées, ou seulement bordées, à la volonté du commerçant.

12. Autrefois, les mesures en bois étaient toutes en bois de chêne.

13. L'admission des bois de noyer et de hêtre a eu lieu en 1852. Celle du bois de châtaignier en 1856.

14. Les mesures en bois qui se fabriquent à Paris sont le plus souvent en chêne ou en hêtre.

Nota. Le maître désignera les neuf mesures représentées en demi-grandeur depuis le double décalitre jusqu'au demi-décilitre. Il recommandera aux élèves de ne pas employer la dénomination de *boisseau*, qui appartient à l'ancien système des poids et mesures.

IIe PARTIE. — INTERROGATIONS COLLECTIVES.

1. Que fait connaître le cinquième tableau ? (Rép. Mesures cylindriques en bois.) — Les *dimensions* de ces mesures en bois ont-elles été réduites? (Rép. Oui, de moitié.) — Leurs *capacités* ont-elles été réduites? (Rép. Oui, au huitième.)

2. Quelles sont les mesures qui, prises avec leurs doubles et leurs moitiés, donnent la série complète des mesures de capacité pour les matières sèches? (Rép. Hectolitre, décalitre, litre, décilitre.)

3. A quoi sert le demi-décilitre? (Rép. A échantillonner des graines.)

4. Toutes les mesures en bois sont-elles cylindriques? (Rép. Oui.)

5. Que sont la hauteur intérieure et le diamètre? (Rép. Égales.)

6. Quels sont les noms des mesures représentées en demi-grandeur? (Rép. Décalitre, litre, décilitre, avec doubles et moitiés.)

7. Avons-nous en millimètres la longueur du diamètre de chacune des douze mesures en bois? (Rép. Oui.)

8. Le double hectolitre est-il d'un usage très-répandu? (Rép. Non.)

9. En est-il de même de l'hectolitre et du demi-hectolitre? (Rép. Non, vente du charbon.)

10. A quoi servent le décalitre et le double décalitre? (Rép. Vente des céréales.)

11. Dans les mesures en bois qu'appelle-t-on potence? (Rép. Deux tringles en fer et à équerre.)

12. Nommez les mesures représentées au tableau qui sont bordées et ferrées? (Rép. Double décalitre, décalitre, demi-décalitre.)

13. Nommez celles qui ne sont que bordées. (Rép. Double litre, litre, double décilitre, décilitre, demi-décilitre.)

14. Quel est le prix d'un demi-hectolitre bordé et ferré? (Rép. Environ 8 francs.)

15. De quels bois les fabricants se servent-ils? (Rép. Cela dépend des localités.)

16. Quels sont les bois réglementaires? (Rép. Chêne, noyer, hêtre, châtaignier.)

IIIᵉ PARTIE. — INTERROGATIONS INDIVIDUELLES.

NOTA. Le maître posera quelques-unes des questions précédentes.

DEUXIÈME ET DERNIÈRE LEÇON
SUR LE CINQUIÈME TABLEAU.

Ire PARTIE. — RÉSUMÉ DE LA LEÇON PRÉCÉDENTE.

IIe PARTIE. — INTERROGATIONS COLLECTIVES, RÉCAPITULATIVES ET DIRECTES SUR TOUTES LES FIGURES DU CINQUIÈME TABLEAU.

IIIe PARTIE. — INTERROGATIONS INDIVIDUELLES, RÉCAPITULATIVES ET INVERSES SUR TOUTES LES FIGURES DU CINQUIÈME TABLEAU.

NOTA. Mêmes prescriptions que pour les tableaux précédents.

AVERTISSEMENT.

Les moniteurs et les monitrices appliqueront au cinquième tableau la même méthode qu'aux quatre premiers.

SIXIÈME TABLEAU.

POIDS.

PREMIÈRE LEÇON.

Ire PARTIE. — EXPLICATIONS.

1. Ce sixième tableau a pour titre : *Poids.*

2. Représentons-nous un vase cubique ayant intérieurement 1 centimètre de long, 1 centimètre de large et 1 centimètre de haut, autrement dit, un centimètre cube creux. Supposons ce vase plein d'*eau* distillée. Supposons qu'un thermomètre plongé dans ce liquide y marque 4 degrés centigrades au-dessus de 0 ; le poids de cette eau est le *gramme*.

3. Pour abréger, nous dirons que le gramme est le poids de l'eau pure nécessaire pour remplir un cube d'un centimètre de côté.

4. On a choisi l'eau de préférence à tout autre liquide, parce que c'est le plus facile à se procurer à l'état de pureté, c'est-à-dire toujours bien identique avec lui-même.

5. Pourquoi l'a-t-on pesée à 4 degrés au-dessus de zéro, et non pas à zéro? Que signifient ces mots qu'on trouve dans les traités d'arithmétique : *pesée dans le vide?* Ce sont là des questions de physique que nous laisserons de côté.

La définition du gramme telle que nous venons de la donner n'est pas aussi complète que celle des physiciens, mais elle est suffisante dans la pratique.

A cette occasion, nous remarquerons que, dans la pratique, il suffit de mesurer et de peser avec assez d'exactitude pour que les petites erreurs inséparables de toute opération matérielle soient négligeables.

6. Les multiples du gramme sont le *décagramme*, l'*hectogramme*, le *kilogramme* et le *myriagramme*.

7. Les sous-multiples du gramme sont le *décigramme*, le *centigramme* et le *milligramme*.

8. Un décimètre cube vaut 1000 centimètres cubes ; or, un centimètre cube d'eau pèse 1 gramme ; donc, *un décimètre cube d'eau pure pèse 1000 grammes ou un kilogramme.*

9. Le litre est la capacité d'un décimètre cube ; donc *un litre d'eau pèse un kilogramme.*

Nota. Au niveau de la mer, un litre d'air ne pèse que 1 gramme 299 milligrammes.

10. Un mètre cube renferme 1000 décimètres cubes ou 1000 litres ; or, un litre d'eau pèse un kilogramme ; donc, *un mètre cube d'eau pure pèse 1000 kilogrammes.*

11. On appelle *millier métrique, tonne métrique* ou *tonneau de mer* un poids de 1000 kilogrammes.

12. Un décalitre d'eau pèse 10 kilogrammes.

13. Un hectolitre d'eau pèse 100 kilogrammes.

14. On appelle *quintal métrique* un poids de 100 kilogrammes.

15. *Un millilitre d'eau pure pèse 1 gramme,* puisqu'un litre en pèse 1000.

16. Le *myriagramme,* qui signifie 10000 grammes, est peu employé. Dans la pratique journalière, les fortes pesées s'estiment en kilogrammes.

17. Les gros poids dont on se sert pour peser les marchandises sont en fonte de fer.

18. Leur fabrication n'exige pas une très-grande précision, parce qu'ils sont particulièrement destinés à peser des choses communes et grossières.

19. La série la plus complète de ces poids commence à 50 kilogrammes et finit au demi-hecto-g amme.

20. Le poids de 50 kilogrammes est la *limite* des poids que peut soulever un homme d'une force ordinaire.

21. La forme des poids n'est plus facultative.

22. Ceux de 50 kilogrammes et de 20 kilogrammes ont la forme d'une pyramide tronquée, arrondie sur les angles; leur base est rectangulaire.

23. Les huit autres poids ont chacun la forme d'une pyramide tronquée dont la base est un hexagone régulier.

24. Dans chacune de ces mesures on distingue le *corps du poids*, le *lacet*, l'*anneau* et l'*inscription abrégée de la valeur du poids*.

25. Le corps du poids est une masse de fonte de fer ayant extérieurement la forme d'une pyramide tronquée quadrangulaire ou hexagonale.

26. Le lacet est une pièce transversale qui va de la face supérieure du poids à la cavité inférieure où se trouve une certaine quantité de plomb fondu pour le poinçonnage.

27. L'anneau retenu à la partie supérieure par le lacet est engagé dans une rainure; on s'en sert pour soulever le poids.

28. Les abréviations indiquées sur la face supérieure sont :

50 kilog.	1 kilog.
20 kilog.	$\frac{1}{2}$ kilog. ou 5 hectog.
10 kilog.	2 hectog.
5 kilog.	1 hectog.
2 kilog.	$\frac{1}{2}$ hectog.

Nota. Le maître écrira ces nombres sur le tableau, et les élèves les copieront.

Il désignera avec la baguette les neuf poids représentés en demi-grandeur. Le maître terminera ses explications par l'énumération suivante :

	Poids en kilogrammes.
1 hectolitre de froment pèse *environ*.	76
1 hectolitre d'avoine	45
1 hectolitre de seigle	72
1 hectolitre d'orge	60
1 hectolitre de colza	68
1 hectolitre de maïs	70
1 hectolitre de féverole	85
1 double décalitre de pommes de terre	13
1 litre de lait	1,030
1 litre d'huile d'olive	0,913
1 hectolitre de pommes de terre mesuré ras	64
1 litre d'acide sulfurique	1,841
1 litre d'éther	0,715
1 mètre cube de maçonnerie	2240
1 mètre cube de fumier	548
1 litre de vin pèse	0,99
1 litre de vinaigre	1,015
1 grain de froment	0,000053
1 litre de haricots de Soissons	0,77

Le poids du bois varie suivant le degré de sécheresse, la grosseur, la conformation du bois plus ou moins droit. Le bois de chêne sec de grosseur moyenne pèse de 415 à 425 kilogr. le stère. Le poids d'un stère de bois vert (chêne, charme, hêtre) est de 450 à 500 kilogr. Lorsqu'il est droit et gros, il peut peser jusqu'à 550 kilogr. le stère, plein et vide compris.

Les élèves enregistreront ces nombres, bons à connaître, surtout dans les campagnes.

IIe PARTIE. — INTERROGATIONS COLLECTIVES.

1. Que fait connaître le sixième tableau ? (Rép. Les poids.)

2. Quelle est la définition abrégée du gramme ? (Rép. Poids d'un centimètre cube d'eau pure.)

3. Pourquoi a-t-on préféré l'eau à tout autre liquide ? (Rép. C'est le plus facile à se procurer.)

4. Quels sont les multiples du gramme ? (Rép. Décagramme, hectogramme, kilogramme, myriagramme.

5. Quels sont les sous-multiples du gramme? (Rép. Décigramme, centigramme, milligramme.)

6. Quel est le poids d'un litre d'eau pure? (Rép. Un kilogramme.)

7. Quel est le poids d'un mètre cube d'eau? (Rép. 1000 kilogrammes.)

8. Qu'est-ce que le quintal métrique? (Rép. 100 kilogr.)

9. Qu'est-ce que la tonne métrique? (Rép. 1000 kilogr.)

10. Quel est le poids d'un décalitre d'eau? (Rép. 10 kilogr.)

11. Quel est le poids d'un hectolitre d'eau? (Rép. Un quintal.)

12. Quel est le poids d'un millilitre d'eau? (Rép. Un gramme.)

13. Que signifie le mot myriagramme? (Rép. 10000 grammes.) Est-il très-usité? (Rép. Non.)

14. Dans la pratique journalière, que prend-on pour unité des fortes pesées? (Rép. Le kilogramme.)

15. En quoi sont les gros poids? (Rép. En fonte de fer.)

16. Leur fabrication exige-t-elle une grande précision? (Rép. Non.)

17. Combien de poids en fonte? (Rép. 10.)

18. Quel est le plus fort? (Rép. Celui de 50 kilogr.)

19. Est-il d'un usage très-répandu? (Rép. Non, la grande industrie.)

20. Quel est le plus faible? (Rép. Demi-hectogramme.)

21. Quelle est la forme des poids de 50 et de 20 kilogr.? (Rép. Pyramide tronquée à base rectangulaire.)

22. Quelle est la forme des huit autres? (Rép. Pyramide tronquée à base hexagonale.)

23. Que remarque-t-on dans chacun de ces poids? (Rép. Corps massif, lacet, anneau, inscription.)

24. A quoi sert l'anneau? (Rép. A soulever le poids.)

25. Par quoi l'anneau est-il retenu? (Rép. Par le lacet.)

26. Où se fait le poinçonnage? (Rép. Sur le plomb fondu dans la cavité inférieure.)

27. Nommez les poids en fonte représentés en demi-grandeur.

Nota. Le maître les désignera successivement avec la baguette et les élèves les nommeront au fur et à mesure.

28. Quel est le poids qui, par exception, porte deux inscriptions? (Rép. Demi-kilogramme.)

29. Le poids de 5 hectogrammes est-il représenté au tableau? (Rép. Oui, demi-kilogramme.)

30. Le poids de 500 grammes est-il représenté? (Rép. Oui, demi-kilogramme.)

31. Le cinquième du kilogramme est-il représenté? (Rép. Oui, double hectogramme.)

32. Le poids de 200 grammes est-il représenté? (Rép. Oui, double hectogramme.)

33. Le poids de 100 grammes est-il représenté? (Rép. Oui, l'hectogramme.)

34. Le poids de 50 grammes est-il représenté? (Rép. Oui, demi-hectogramme.)

35. Dans cette série, le poids de 1 gramme est-il représenté? (Rép. Non.)

IIIe PARTIE. — INTERROGATIONS INDIVIDUELLES.

Nota. Le maître posera quelques-unes des questions précédentes.

DEUXIÈME LEÇON.

Ire PARTIE. — EXPLICATIONS.

1. Résumé de la première leçon sur les poids

2. Il y a des poids en cuivre jaune fondu, autrement dit en laiton.

3. La série la plus complète commence à 20 kilogrammes et descend jusqu'au gramme. Cela fait 14 poids.

4. Tous ces poids ont la forme d'un cylindre surmonté d'un bouton.

5. La hauteur du cylindre est égale à son diamètre.

6. La hauteur du bouton est la moitié du diamètre.

7. Les poids de 2 grammes et de 1 gramme sont les seuls pour lesquels le diamètre surpasse la hauteur, à cause de la place réservée pour la gravure.

8. Les inscriptions gravées sur la face supérieure du poids sont les suivantes :

20 kilogrammes (poids peu en usage),

10 kilogrammes,

5 kilogrammes,

2 kilogrammes,

1 kilogramme,

500 grammes,

200 grammes,

100 grammes,

50 grammes,

20 grammes,

10 grammes,

5 grammes,

2 grammes,

1 gramme.

Nota. Le maître écrira ces nombres sur le tableau noir, et les élèves les copieront. Il désignera successivement les poids cylindriques représentés en demi-grandeur.

9. On fait des poids en cuivre jaune en forme de godets coniques, conformément au *nouveau modèle.*

Nota. La *coupe* (page 136) indique le mécanisme d'après lequel les poids entrent dans le récepteur.

10. Ces poids creux s'empilent les uns dans les autres; ils sont tous renfermés dans une boîte à couvercle de pareille forme, ayant poids légal.

11. Les différents poids de ces boîtes réglementaires sont de 1000; 500; 200 et 100 grammes.

12. La série des douze poids représentés au tableau forme un total de 1 kilogramme.

13. Ces poids sont les suivants :

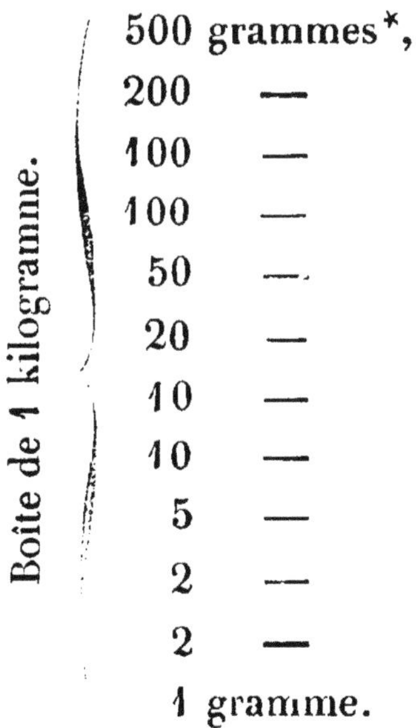

Nota. Le maître écrira ces nombres sur le tableau noir, et les élèves

* Dans la légende, les mots (fig. 21, poids de 500 gr.,) supposent que la boîte est *vide.* L'inscription (1 kilogramme) qu'on lit sur la figure 21 suppose que la boîte est *pleine.*

les copieront. Il désignera successivement ces douze poids représentés en demi-grandeur.

14. Sans la précaution d'avoir en double certains poids, il y a des pesées qu'on ne pourrait pas effectuer.

15. Pour peser, par exemple, 9 kilogrammes, il faut avoir :

Soit
- 5 kilogrammes,
- 2 kilogrammes,
- 2 kilogrammes.

Soit
- 5 kilogrammes,
- 2 kilogrammes,
- 1 kilogramme,
- 1 kilogramme.

16. Les divisions du gramme se font en lames de laiton, de platine, d'argent, de différentes épaisseurs.

17. Habituellement ces poids sont des carrés à coins coupés. On les emploie principalement dans l'orfévrerie, la pharmacie, les bureaux de poste, etc.

18. Ces poids, au nombre de neuf, portent sur une des faces les indications abrégées que voici :

Poids en lames.
- 5 décigr.
- 2 décigr.
- 1 décigr.
- 5 C. G.
- 2 C. G.
- 1 C. G.
- 5 M. G.
- 2 M. G.
- 1 M. G.

Nota. Le maître écrira ces nombres sur le tableau noir, et les élèves les copieront. Il désignera successivement ces neuf poids représentés en demi-grandeur. Le total est d'un gramme lorsqu'on prend en double 1 décigr., 1 centigr. et 2 milligr.

Le *carat* (ou karat) équivaut à 205 milligrammes environ. C'est l'unité de poids pour les pierres précieuses.

IIe PARTIE. — INTERROGATIONS COLLECTIVES.

1. Y a-t-il des poids en cuivre jaune fondu, autrement dit, en laiton? (Rép. Oui.)

2. La forme de ces poids moyens est-elle la même que celle des gros poids? (Rép. Non, cylindrique avec bouton.)

3. Qu'est la hauteur comparée à la longueur du diamètre? (Rép. La même à deux exceptions près.)

4. Qu'est la hauteur du bouton comparée au diamètre? (Rép. La moitié.)

5. Quels sont les deux poids pour lesquels le diamètre surpasse la hauteur? (Rép. 2 grammes et 1 gramme.)

6. Énumérez les poids à bouton.

Nota. Le maître les désignera avec la baguette, et les élèves les nommeront au fur et à mesure.

7. Se sert-on aussi de poids en cuivre en forme de godets coniques? (Rép. Oui.)

8. La pile de tous ces poids ne forme-t-elle pas une boîte? (Rép. Oui.)

9. Quels sont les poids réglementaires de ces boîtes pleines? (Rép. 1000; 500; 200 et 100 grammes.)

10. Énumérez les poids à godet dont le poids total est de 1 kilog.

Nota. Le maître les désignera avec la baguette, et les élèves les nommeront au fur et à mesure.

11. Quels sont les poids en double? (Rép. 100 grammes, 10 grammes et 2 grammes.)

12. Pourquoi cela? (Rép. La boîte pleine doit peser un kilogr.)

13. Sans certains poids en double, pourrait-on faire toutes les pesées? (Rép. Non.)

14. Énumérez les subdivisions du gramme représentées au tableau.

Nota. Le maître les désignera avec la baguette, et les élèves les nommeront au fur et à mesure.

15. Quel est le total de ces poids marqués? (Rép. Un gramme quand on prend en double.)

16. Dans quelles circonstances s'en sert-on? (Rép. Dans les pesées délicates, par exemple en pharmacie.) — Les *dimensions* des poids ont-elles été réduites? (Rép. Oui, de moitié.) — Leurs *volumes?* (Rép. Oui, au huitième.)

IIIᵉ PARTIE. — INTERROGATIONS INDIVIDUELLES.

Nota. Le maître posera quelques-unes des questions précédentes.

TROISIÈME ET DERNIÈRE LEÇON
SUR LE SIXIÈME TABLEAU.

Iʳᵉ PARTIE. — RÉSUMÉ DE LA DEUXIÈME LEÇON SUR LES POIDS.

IIᵉ PARTIE. — INTERROGATIONS COLLECTIVES, RÉCAPITULATIVES ET DIRECTES SUR LE SIXIÈME TABLEAU.

IIIᵉ PARTIE. — INTERROGATIONS INDIVIDUELLES, RÉCAPITULATIVES ET INVERSES SUR LE SIXIÈME TABLEAU.

AVERTISSEMENT.

Les moniteurs et les monitrices appliqueront au sixième tableau la même méthode qu'aux précédents.

SEPTIÈME TABLEAU.

INSTRUMENTS DE PESAGE.

PREMIÈRE LEÇON.

Irᵉ PARTIE. — EXPLICATIONS.

1. On appelle *balance* tout instrument qui sert à trouver le *poids d'un corps*.

2. L'auxiliaire indispensable d'une balance est une collection de *poids titrés*.

3. Suivant la pesée, ce sont les poids de la première, de la seconde, de la troisième ou de la quatrième série.

4. Les poids de la première série sont les poids en fonte; de la seconde, les poids à bouton; de la troisième, les poids à godet; de la quatrième, les poids en lames. Il arrive souvent qu'on emploie des uns et des autres, par exemple des poids à bouton et des poids à godet.

5. La forme des balances est très-variable.

6. Toutes ces balances reposent sur les mêmes principes.

7. Tout le monde a une idée du pesage. Avec un peu d'habitude, on reconnaît si deux objets placés dans les deux mains ont ou n'ont pas le même poids.

8. Dans bien des circonstances, il faut connaître avec exactitude le poids de l'objet qu'on achète.

9. La balance ordinaire se compose de trois parties principales : d'une *colonne*, d'un *fléau* et de deux *plateaux* ou *bassins*. Il y a donc une partie fixe et un système mobile ou oscillant.

10. Ordinairement la colonne est en métal; sa forme est arbitraire ; mais elle doit être bien assise, assez forte et d'une longueur à peu près égale à celle du fléau.

11. Le fléau est la *barre rigide*. Il doit pouvoir résister à la flexion qu'exercent les plus grandes charges que la balance est destinée à recevoir.

12. Le fléau est en acier, en fer, en bronze, en laiton, etc.

13. Ce fléau porte à son milieu un couteau d'acier trempé. Son tranchant, tourné vers le bas, repose sur les plans d'acier ou d'agate de la colonne.

14. Outre le couteau central, il y a deux autres couteaux placés aux extrémités du fléau, à égale distance de son milieu. Leurs tranchants sont tournés vers le haut pour recevoir les chaînes, les cordons et les étriers des plateaux.

15. Les conditions auxquelles doivent satisfaire les bonnes balances sont les suivantes :

1° *Les deux moitiés du fléau qui en forment les deux* BRAS *doivent être rigoureusement égales.*

2° *Les trois couteaux doivent être situés dans un même plan et parallèles entre eux.*

3° *Lorsque la balance est vide ou chargée de poids égaux, le fléau doit se tenir de lui-même dans une position horizontale, et y revenir, après un certain nombre d'oscillations quand on l'en a écarté.*

La *sensibilité d'une balance* consiste en ce qu'une très-petite différence entre les poids dont les bassins sont chargés suffit pour écarter visiblement le fléau de la position horizontale.

L'amplitude des oscillations s'apprécie au moyen d'une *aiguille* fixée au fléau dans le sens vertical.

Souvent l'extrémité de cette aiguille parcourt un petit arc de cercle gradué.

Toutes les autres circonstances étant d'ailleurs les mêmes, une balance acquiert une sensibilité d'autant plus grande, que les oscillations de ce fléau sont de plus longue durée.

4° *Les plateaux et leur suspension avec deux, trois ou quatre fils, cordons ou chaînes, qui partent des crochets arrondis appendus aux couteaux des extrémités du fléau, doivent avoir le même poids, de manière à ne faire pencher le fléau ni d'un côté ni de l'autre.*

16. Le principe général de l'équilibre des balances est le suivant :

Les produits des longueurs des bras par les charges correspondantes sont égaux entre eux.

17. Lorsque cette condition n'est pas remplie, l'équilibre n'a pas lieu. Dans ce cas, la balance penche du côté où le produit est le plus grand.

18. Pour bien faire comprendre le principe précédent, traitons quelques exemples. Supposons que les bras soient, l'un de 125 millimètres et l'autre de 110 millimètres. Si le poids supporté par le premier bras est de 132 grammes, il faudra, pour qu'il y ait équilibre, que le poids p (dont on chargera le second bras), multiplié par 110, soit égal au produit de 132 grammes multiplié par 125, en sorte que

$$p \times 110 = 132 \times 125,$$

d'où on tire

$$p = \frac{132 \times 125}{110}.$$

Effectuant, on trouve 150 grammes.

Tel est le poids cherché. Si on chargeait le second bras d'un poids supérieur à 150 grammes, la balance pencherait de ce côté, plus ou moins, suivant l'excès ou la sensibilité de la balance.

19. Comme second exemple, supposons que les bras soient l'un et l'autre de 143 millimètres. Si le premier supporte 247 grammes, le second devra en supporter autant, car l'égalité

$$p \times 143 = 247 \times 143$$

exige que p soit égal à 247.

Nota. Le maître montrera la figure 1 et quelques-unes des parties comprises dans la description précédente. Il sera bon qu'il fasse un dessin sur le tableau noir. La balance est un instrument trop important pour qu'on ne l'explique pas en détail.

20. Pour peser un corps avec une balance à bras égaux, mettez-le sur un des plateaux et chargez l'autre de poids titrés en quantité suffisante pour établir l'équilibre, ce que vous reconnaîtrez lorsque le fléau prendra et conservera une position bien horizontale. Dans ce cas, le corps pèsera autant que la totalité des poids marqués.

21. Il n'est pas nécessaire d'attendre que les oscillations de la balance aient cessé pour constater l'équilibre. Il suffit que les oscillations atteignent de part et d'autre les *mêmes écarts*, ce que l'on reconnaît aux divisions tracées sur l'arc de cercle, parcourues, comme nous l'avons déjà dit, par l'extrémité de l'aiguille jointe au fléau.

22. Il est indispensable de tenir les poids, surtout ceux des deuxième, troisième et quatrième séries, dans un lieu sec. — On ne doit pas les essuyer souvent, et encore moins les essuyer avec un corps dur.

23. Voici un exemple de pesage :

Une ménagère va à la boucherie. Quel est le poids de la viande qu'elle a achetée, sachant que pour l'équilibrer on a mis dans l'un des bassins les poids suivants :

1 kilogramme	1000 grammes
1 demi-kilogramme	500 —
2 hectogrammes.	200 — .
1 hectogramme	100 —
1 hectogramme	100 —
1 demi-hectogramme. . . .	50 —
1 décagramme.	10 —
1 décagramme.	10 —
Total.	1970 grammes.

Supposons que cette viande coûte 1ᶠ,80 le kilogramme, la ménagère payera 3ᶠ,55.

24. On ferait un calcul semblable pour l'achat du pain.

Nota. Il sera bon que le maître exécute quelques pesées devant les élèves.

25. Pour *vérifier une balance*, 1° mettez dans les deux bassins les poids se faisant équilibre ; 2° transportez les poids d'un plateau dans l'autre, et l'équilibre devra encore subsister ; dans le cas contraire, la balance manquera d'exactitude.

26. Quand une balance n'est pas suffisamment exacte, on peut peser alternativement dans les deux plateaux.

27. Si, pour fixer les idées, on trouve 7 grammes dans un cas, et 6 grammes 8 décigrammes dans l'autre, on fait la demi-somme des nombres 7 et 6,8 ; cette demi-somme 6 grammes 9 décigrammes est un poids plus exact que chacun des précédents. C'est ce qu'on appelle *prendre une moyenne**.

28. Quand avec une balance qui n'est pas suffisamment exacte on veut avoir une plus grande précision, on a recours à ce qu'on appelle la *méthode de la double pesée*.

29. Voici en quoi elle consiste :

1° Placez l'objet dans l'un des bassins, et dans l'autre du sable ou de la grenaille, jusqu'à ce qu'il y ait équilibre.

2° Enlevez cet objet, et remplacez-le par des poids titrés jusqu'à ce qu'il y ait de nouveau équilibre. La somme de ces poids marqués représentera évidemment le poids cherché.

NOTA. Un pesage, intéressant à tous les points de vue, serait celui de l'eau pure contenue dans un centimètre cube, qu'on commencerait par équilibrer avant de le remplir. Cela fait, on reconnaîtrait qu'il y a encore équilibre quand on met un gramme sur l'un des plateaux et qu'on remplit d'eau le centimètre cube. Cette expérience serait la justification expérimentale de la définition du gramme.

* Il y a une autre méthode qui repose sur l'extraction de la racine carrée ; nous ne pouvons que la mentionner.

IIᵉ PARTIE. — INTERROGATIONS COLLECTIVES.

1. Qu'est-ce qu'une balance? (Rép. Instrument qui sert à peser.)

2. Quel est l'auxiliaire indispensable d'une balance? (Rép. Collection de poids titrés.)

3. Quels sont ces poids? (Rép. Ceux de la première, deuxième, troisième ou quatrième série.)

4. Quels sont les poids de la première série? (Rép. Poids en fonte.)

5. Ceux de la deuxième? (Rép. Poids à bouton.)

6. Ceux de la troisième? (Rép. Poids à godet.)

7. Ceux de la quatrième? (Rép. Poids en lames.)

8. Ne prend-on pas quelquefois des uns et des autres? (Rép. Oui.)

9. Les balances varient-elles de forme? (Rép. Considérablement.)

10. Dans bien des cas, ne faut-il pas connaître exactement le poids de ce qu'on achète? (Rép. Oui, orfévrerie, pharmacie.)

11. Quelles sont les trois parties principales d'une balance de comptoir? (Rép. Colonne, fléau, plateaux ou bassins.)

12. En quoi est la colonne? (Rép. En métal.)

13. Comment doit-elle être disposée? (Rép. Solidement.)

14. Qu'est-ce que le fléau? (Rép. Barre rigide.)

15. Que doit-il être? (Rép. Fort.)

16. En quoi est le fléau? (Rép. Acier, fer, bronze, laiton, etc.)

17. Par quoi le fléau est-il traversé à son milieu? (Rép. Par un couteau.)

18. Comment est tourné son tranchant? (Rép. Vers le bas.)

19. Sur quoi repose-t-il? (Rép. Sur les plans d'acier ou d'agate de la colonne.)

20. N'y a-t-il que ce couteau central? (Rép. Deux autres équidistants du premier.)

21. Où sont-ils placés? (Rép. Aux extrémités du fléau.)

22. Comment leurs tranchants sont-ils tournés? (Rép. Vers le haut pour recevoir la suspension des bassins.)

23. Que doivent être les deux bras du fléau? (Rép. Rigoureusement égaux.)

24. Comment doivent être disposés les trois couteaux? (Rép. Dans un même plan et parallèlement.)

25. Le fléau doit-il se tenir de lui-même dans une position horizontale? (Rép. Oui, lorsque la balance est vide.)

26. Si on l'écarte, que doit-il arriver? (Rép. Y revenir après quelques oscillations.

27. Comment se mesurent ces oscillations? (Rép. Aiguille fixée au fléau dans le sens vertical.)

28. Que parcourt l'extrémité de cette aiguille? (Rép. Un petit arc gradué.)

29. Les plateaux doivent-ils avoir le même poids? (Rép. Oui.)

30. Quel est le principe fondamental de toute balance en équilibre? (Rép. Les produits des longueurs des bras par les charges correspondantes doivent être égaux entre eux.)

31. Qu'arrive-t-il quand ces deux produits sont inégaux? (Rép. La balance penche du côté où le produit est le plus grand.)

32. Avons-nous éclairci ce principe par des exemples? (Rép. Oui.)

33. Que représente la figure 1 ? (Rép. Balance ordinaire ou à bras égaux.)

34. Est-elle réduite à son expression la plus simple? (Rép. Oui.)

Nota. Le maître questionnera sur les diverses parties du dessin.

35. Pourquoi l'aiguille dont nous avons parlé est-elle cachée dans la chape? (Rép. Parce qu'il y a équilibre.)

56. Qu'arriverait-il s'il n'y avait pas équilibre? (Rép. Elle sortirait à droite ou à gauche.)

57. En quoi consiste la pesée simple? (Rép. A équilibrer par des poids titrés l'objet placé sur un des plateaux.)

58. Peut-on vérifier l'exactitude d'une balance? (Rép. Oui.)

59. Lorsqu'une balance est inexacte, peut-on avoir un poids moyen? (Rép. Oui.)

IIIᵉ PARTIE. — INTERROGATIONS INDIVIDUELLES.

NOTA. Le maître exigera de l'élève des explications raisonnées sur ce qui précède, surtout sur la *double pesée*.

DEUXIÈME LEÇON.

Iʳᵉ PARTIE. — EXPLICATIONS.

1. Résumé de la leçon précédente.

2. La figure 5 représente la *balance romaine*, ou simplement la *romaine* *.

3. Les balances dites romaines sont des fléaux dont les deux bras sont inégaux.

4. A l'extrémité du bras le plus court est suspendu le plateau sur lequel on place l'objet à peser.

5. Souvent, au lieu de placer le corps sur un plateau, on le suspend à un crochet.

6. Lorsque le corps à peser est placé, on fait glisser un poids constant d'une forme cylindrique ou prismatique le long du fléau auquel il est accroché.

* Ainsi appelée parce qu'elle était en usage chez les Romains.

7. Ce poids mobile est ce qu'on appelle un *curseur*.

8. Dès qu'il y a équilibre, on lit sur le fléau gradué le nombre de divisions égales, et l'on a ainsi le poids cherché.

Exemple. Supposons que les divisions principàles d'une romaine expriment des kilogrammes, et que ces divisions soient partagées chacune en 20 parties égales. Si, pour faire équilibre au corps mis sur le plateau, il a fallu mettre le curseur à 7 subdivisions au delà de la cinquième division, on en conclura que le corps pèse 5 kilogrammes plus $\frac{7}{20}$ de kilogramme, ou 5 kilogrammes plus 35 centièmes de kilogramme, en sorte que le poids cherché est de $5^k,35$. Cet exemple montre avec quelle facilité on peut obtenir le poids d'un corps avec l'instrument dont nous parlons.

9. En général, ces balances sont peu précises, mais les résultats qu'elles fournissent sont suffisants dans les usages domestiques.

10. Il y a des *pesons* ou *dynamomètres à ressort,* mais ils sont formellement interdits dans le commerce, à cause de l'affaiblissement qui se produit dans les ressorts après un certain temps de service.

11. La figure 2 représente la balance Roberval, du nom de son inventeur. C'est une balance de comptoir.

12. Dans la balance Roberval, les deux bassins sont disposés *au-dessus* du fléau.

13. La forme du fléau des balances Roberval est variable, droite ou recourbée. Outre ce fléau, il y a un *contre-fléau* disposé dans l'intérieur de la boîte, servant à maintenir l'écartement des deux tiges fonctionnant verticalement aux extrémités du fléau supérieur.

14. Cette disposition permet d'établir sur les plateaux des objets volumineux que les tiges des anciennes balances empêchent d'y placer.

15. Le défaut de la balance Roberval est celui-ci : lorsque les poids titrés, ou les objets placés sur l'un des plateaux, ne sont pas à peu près au-dessus des tiges qui les supportent, il en résulte des pressions latérales qui augmentent beaucoup le frottement, et diminuent la sensibilité de la balance dont le mouvement peut parfois être arrêté.

16. La figure 3 représente un genre de balance qui obvie à l'inconvénient que nous venons d'indiquer.

17. C'est la *balance-pendule Béranger*, du nom de son inventeur.

18. Un *système de leviers*, disposé dans l'intérieur de la boîte, permet de placer les objets et les poids titrés, d'une manière quelconque sur les plateaux sans diminuer la sensibilité de la balance.

Les oscillations de la balance sont indiquées par deux aiguilles qui se meuvent vis-à-vis l'une de l'autre, en sens contraire, et dans une espèce de montre. Il y a équilibre lorsque les deux aiguilles sont au même niveau.

19. La figure 4 représente le *trébuchet de préci-sion*. Cette petite balance est d'un usage très-répandu pour les pesées délicates qui n'excèdent pas 30 grammes. Les parties principales sont : *l'aiguille*, le *fléau*, les *supports* avec vis de rappel, le *couteau*, les *étriers* avec leurs *plateaux*, la *pédale*.

20. Nous venons de parler des balances de comptoir : occupons-nous des balances de magasin, dites *balances-bascu les*, pour le commerce en gros.

21. Ce sont, à proprement parler, des balances à bras inégaux, destinées à peser les lourds fardeaux.

22. La première balance-bacule, dite *bascule portative*, a été inventée par Quintenz, mécanicien, mort à Strasbourg en 1822.

23. Les parties principales sont : le *tablier*, triangulaire ou rectangulaire, destiné à recevoir les objets à peser. Ce tablier est soutenu par un système de leviers dont les extrémités mobiles sont suspendues au moyen de deux tiges verticales, à l'un des bras du fléau. A l'extrémite de l'autre bras est suspendu un *plateau* sur lequel on place des poids titrés, en fer, pour établir l'équilibre. Le poids de l'objet soumis au pesage est *dix fois* plus élevé que le total des poids titrés. C'est pour cela qu'on dit qu'elle est *au dixième*.

Nota. Le maître montrera la figure 6 : c'est la balance de Quintenz. Il se servira de ce dessin pour en faire la description.

24. Il y a une balance-bascule qui participe tout à la fois de la romaine et de la balance de Quintenz.

25. Cette bascule, fort en usage dans les gares de chemins de fer pour peser les bagages des voyageurs, ainsi que dans l'industrie et le haut commerce, est ce qu'on appelle la *bascule à romaine*, système Béranger.

Nota. Le maître montrera la figure 7 : c'est l'instrument en question.

26. A l'extrémité du bras le long duquel marche le curseur, est suspendu un plateau sur lequel on place un poids additionnel lorsqu'il s'agit de peser un corps très-lourd. Ce poids est le *centième* de celui de l'objet auquel il fait équilibre. De cette manière, le poids du corps mis sur le tablier est égal à 100 fois le poids additionnel plus le poids indiqué par le curseur. Il y a un second curseur destiné à apprécier les fractions de kilogramme.

Nota. Le maître montrera sur la figure 6 les diverses parties de la machine renfermées dans sa description.

27. La figure 8 représente la *bascule à cadran contrôleur*, système Catenot-Béranger.

28. Cette machine est à l'usage des gares de chemins de fer, halles, abattoirs, marchés, ports, etc. Elle a sur la bascule précédente l'avantage d'indiquer sur un grand cadran, au moyen d'une aiguille mise en mouvement par le curseur, le poids donné par la romaine.

Note sur la réduction et la charge de chaque balance. N° 1 au 20° pour bassins de 30 centim. et une charge de 30 kilogr. N° 2 au 10° pour bassins de 34 centim. (45 kilogr.). N° 3 comme au n° 2. N° 4 au 10° pour 30 kilogr. N° 5 au 10° pour 200 kilogr. environ. N° 6 au 10° pour 200 kilogr. N° 7 au 10° pour 500 kilogr. N° 8 au 20° pour chemin de fer.

IIᵉ partie. — Interrogations collectives.

1. Que représente la figure 5? (Rép. Une romaine.)

2. Qu'est-ce qu'une romaine? (Rép. Fléau à bras inégaux.)

3. Que suspend-on à l'extrémité du bras le plus court? (Rép. Le plateau sur lequel on place le corps.)

4. A quoi sert le crochet? (Le maître le désigne.) (Rép. A suspendre le corps.)

5. Comment a-t-on le poids du corps? (Rép. **On le lit sur le** fléau gradué.)

6. Qu'est-ce qui fait équilibre au poids du corps? (Rép. **Un** curseur.)

7. Ces balances sont-elles aussi précises que les balances à bras égaux? (Rép. **Non, mais suffisantes.**)

8. Que représente la figure 2? (Rép. **La balance Roberval.**)

9. Comment les plateaux sont-ils disposés dans cette balance? (Rép. **Au-dessus du fléau.**)

10. Quelle est la forme du fléau dans les balances Roberval? (Rép. **Très-variable, droite ou recourbée.**)

11. Où est placé ce qu'on appelle le contre-fléau? (Rép. **Dans** l'intérieur de la boîte.)

12. A quoi sert-il? (Rép. **A maintenir verticales les tiges qui** supportent les bassins.)

13. Quel est le défaut de la balance Roberval? (Rép. **De cesser** d'être sensible lorsque les poids ne sont pas au milieu des bassins.)

14. Que représente la figure 3? (Rép. **Balance-pendule Béranger.**)

15. Est-ce un perfectionnement de la balance Roberval? (Rép. **Oui.**)

16. En quoi? (Rép. **L'objet à peser et les poids marqués peuvent être placés à volonté dans les bassins.**)

17. A l'aide de quoi obtient-on ce résultat? (Rép. **Système de leviers disposés dans l'intérieur de la boîte.**)

18. Où fonctionnent les deux aiguilles qui indiquent l'équilibre? (Rép. **Dans une espèce de montre.**)

19. Qu'appelle-t-on trébuchet? (Rép. **Petite balance de précision.**)

20. Quelles sont les parties principales du trébuchet? (Rép. **Aiguille, fléau, support, couteau, étriers, plateaux, pédale.**)

21. Que représente la figure 4? (Rép. Le trébuchet.)

22. Qu'appelle-t-on balances-bascules? (Rép. Balances pour le commerce en gros.)

23. Qu'indique la figure 6? (Rép. Balance-bascule de Quintenz.)

24. De quoi se compose-t-elle principalement? (Rép. Tablier et plateau mis en équilibre au moyen d'un fléau.)

25. Que met-on sur le tablier? (Rép. La marchandise à peser.)

26. Que met-on sur le plateau? (Rép. Les poids titrés.)

27. A quoi est égal le poids de la marchandise? (Rép. A 10 fois le total des poids titrés.)

28. Que représente la figure 7? (Rép. Bascule à romaine système Béranger.)

29. En fait-on usage dans les gares de chemin de fer? (Rép. Oui, bagages des voyageurs.)

30. Pourquoi dit-on qu'elle est au centième? (Rép. La totalité des poids mis sur le plateau est le centième du poids des bagages mis sur le tablier.)

31. Que représente la figure 8? (Rép. Bascule à cadran contrôleur.)

32. Pourquoi l'appelle-t-on ainsi? (Rép. Une aiguille montre sur un cadran le poids indiqué sur la romaine.)

Nota. Le maître désignera avec la baguette les diverses parties des instruments sur lesquels a porté la leçon, et les élèves répondront par le nom qui leur est affecté.

33. Qu'est-ce qu'un peson à ressort ou dynamomètre? (Rép. Instrument indiquant le poids d'un objet au moyen de la flexion d'un ressort.)

34. Peut-on s'en servir dans les usages domestiques? (Rép. Oui.)

35. Dans le commerce? (Rép. Non ; il est prohibé.)

56. Pourquoi? (Rép. Facilité avec laquelle on peut se tromper sur le poids.)

IIIe PARTIE. — INTERROGATIONS INDIVIDUELLES.

NOTA. Le maître demandera quelques explications raisonnées, et fera exécuter des pesages s'il est muni d'une balance.

TROISIÈME ET DERNIÈRE LEÇON
SUR LE SEPTIÈME TABLEAU.

Ire PARTIE. — RÉSUMÉ DE LA DEUXIÈME LEÇON SUR LES BALANCES.

IIe PARTIE. — INTERROGATIONS COLLECTIVES, RÉCAPITULATIVES
ET DIRECTES SUR LE SEPTIÈME TABLEAU.

IIIe PARTIE. — INTERROGATIONS INDIVIDUELLES, RÉCAPITULATIVES
ET INVERSES SUR LE SEPTIÈME TABLEAU.

NOTA. Pour cette troisième partie, le maître proposera à l'élève de désigner au tableau les parties dont se compose chaque instrument de pesage.

AVERTISSEMENT.

Les moniteurs et les monitrices appliqueront au septième tableau la même méthode qu'aux six premiers.

HUITIÈME TABLEAU.

MONNAIES.

PREMIERE LEÇON.

Ire PARTIE. — EXPLICATIONS.

1. Le huitième tableau a pour titre : *Monnaies.*

2. Ces monnaies sont au nombre de 14 : 5 en or, 5 en argent et 4 en bronze.

Nota. Le maître écrira sur le tableau : 100 fr., 50 fr., 20 fr., 10 fr., 5 fr. ;

5 fr., 2 fr., 1 fr., 50 cent., 20 cent. ;

10 cent., 5 cent., 2 cent., 1 cent. Les élèves copieront ces nombres.

3. Toutes ces pièces sont cylindriques, d'une épaisseur, d'un diamètre et d'un poids déterminés.

4. La *face* de la pièce est le côté de la tête; le *revers* est le côté opposé à la face.

5. Le *millésime* est la date de la fabrication.

6. Les monnaies françaises n'ont pas de nom particulier; chacune est désignée par la valeur gravée sur la pièce.

Nota. Le maître désignera avec la baguette la face et le revers de chacune de ces pièces représentées en vraie grandeur.

7. Nous allons parler en détail de chacune d'elles, en commençant par le franc.

8. Le *franc* est l'unité des monnaies.

9. Le franc a 23 millimètres de diamètre et 1 millimètre d'épaisseur.

10. Le franc pèse 5 grammes.

11. Les neuf dixièmes du franc sont en argent pur; le dernier dixième est en cuivre.

12. Le poids du cuivre est la dixième partie du poids total de la pièce, et la neuvième partie du poids de l'argent pur.

13. La fraction $\frac{9}{10}$ ou $\frac{900}{1000}$ qui indique le nombre par lequel il faut multiplier le poids total de la pièce pour avoir le poids du métal pur, se nomme le *titre* de cette pièce.

14. Ainsi, le franc est au titre de neuf dixièmes ou de neuf cents millièmes.

15. Puisque le franc contient les 0,9 de 5 grammes en argent pur, il renferme 4 grammes 5 décigrammes d'argent et 5 décigrammes de cuivre ; c'est ce qu'on appelle un *alliage*.

16. 2 francs en argent pèsent 1 décagramme.

17. 20 francs — 1 hectogramme.

18. 200 francs — 1 kilogramme.

19. Au besoin, ces monnaies pourraient servir à peser des objets *.

20. On ne dit pas décafranc, hectofranc, kilofranc, myriafranc, mais 10 francs, 100 francs, 1 000 francs, 10 000 francs.

21. On ne dit pas décifranc, centifranc, millifranc, mais décime, centime, millime.

22. La pièce de 2 francs, avons-nous dit, pèse 10 grammes ; ajoutons que son diamètre est de 27 millimètres.

23. La pièce de 5 francs pèse 25 grammes ; son diamètre est de 37 millimètres.

24. La pièce de 50 centimes pèse 2 grammes 5 décigrammes ; son diamètre est de 18 millimètres.

* Les espèces monnayées ne peuvent pas toujours présenter des poids uniformes tant à cause de la *tolérance* accordée pour le poids, soit au-dessus, soit au-dessous du poids légal, que de la diminution de poids qu'éprouvent les monnaies par l'effet de la circulation. Ces deux causes ne permettent pas de considérer les pièces monétaires comme un étalon exact de pesage.

25. Les pièces de 2 francs et de 5 francs sont, comme le franc, au titre de neuf dixièmes.

26. La pièce de 20 centimes pèse le cinquième de 5 grammes, ou 1 gramme, parce que 20 est le cinquième de 100; le diamètre est de 15 millimètres.

27. D'après la loi du 25 mai 1864, les titres des pièces de 50 centimes et de 20 centimes ne sont plus que de 0,835.

28. Un dixième vaut 10 centièmes; donc un *décime* vaut 10 centimes; par conséquent, le *double décime* vaut 20 centimes, et le *demi-décime* vaut 5 centimes.

Nota. Le maître écrira au tableau les nombres qui désignent le poids et les dimensions du franc; le poids et le diamètre des quatre autres piéces. Les élèves copieront ces nombres. Les élèves du cours de dessin linéaire s'exerceront à tracer les circonférences relatives à ces cinq pièces.

29. Il n'y a, avons-nous dit, que quatre pièces de bronze.

50. Cette nouvelle monnaie remplace l'ancienne monnaie de cuivre; elle se compose de 95 parties (en poids) de cuivre, de 4 parties d'étain, et de 1 partie de zinc.

31. A poids égal, la valeur de la monnaie d'argent est 20 fois celle de la monnaie de bronze; à valeur égale, elle pèse 20 fois moins.

52. Pour déduire par le calcul le poids du centime de celui du franc, on fera le raisonnement suivant. Les 100 centimes du franc pèsent 5 grammes; 1 centime pèse 100 fois moins, ou $\frac{5}{100}$ de gramme; ou, en simplifiant, $\frac{1}{20}$ de gramme; donc le centime *en bronze* pèse 20 fois plus que le centime en argent; 20 fois plus que

$\frac{1}{20}$ de gramme, et par conséquent $\frac{20}{20}$ de gramme, ou 1 gramme. Ainsi, le centime en bronze pèse 1 gramme.

33. La pièce de 2 centimes pèse 2 grammes.

34. Le demi-décime ou la pièce de 5 centimes pèse 5 grammes.

35. La pièce de 10 centimes, ou le décime, pèse 10 grammes.

IIᵉ PARTIE. — INTERROGATIONS COLLECTIVES.

1. Que fait connaître le huitième tableau? (Rép. Les monnaies.)

2. Combien de pièces? (Rép. 14.) Combien en or? (Rép. 5.) Combien en argent? (Rép. 5.) Combien en bronze? (Rép. 4.)

3. Quelle est la forme de ces pièces? (Rép. Cylindrique.)

4. Ont-elles des dimensions déterminées? (Rép Oui.) Un poids déterminé? (Rép. Oui.)

5. Qu'est-ce que la face? (Rép. Côté de la tête.) Qu'est-ce que le revers? (Rép. Côté opposé à la face.)

6. Qu'est-ce que le millésime? (Rép. Date de la fabrication.)

7. Comment désigne-t-on les 14 pièces? (Rép. Par leur valeur.)

Nota. Le maître montrera ces pièces avec la baguette, et les élèves énonceront au fur et à mesure la valeur de chacune.

8. Quelle est l'unité des monnaies? (Rép. Le franc.)

9. Quelles sont ses dimensions? (Rép. 23 millimètres de diamètre et 1 millimètre d'épaisseur.)

10. Quel est le poids du franc? (Rép. 5 grammes.)

11. Comme alliage, quelle est sa composition? (Rép. Neuf dixièmes en argent; le reste en cuivre.)

12. Le poids du cuivre est quelle fraction du poids total?

(Rép. Le dixième.) Du poids de l'argent pur? (Rép. Le neuvième.)

13. Combien de grammes et de décigrammes d'argent pur dans le franc? (Rép. 4 grammes 5 décigrammes.)

14. Combien de décigrammes de cuivre? (Rép. 5.)

15. Quel est le titre du franc? (Rép. 0,9.)

16. Combien pèsent 2 francs en argent? (Rép. 1 décagramme.)

17. Combien pèsent 20 francs en argent? (Rép. 1 hectogramme.)

18. Combien pèsent 200 francs en argent? (Rép. 1 kilogramme.)

19. Ces monnaies peuvent-elles servir à peser? (Rép. Oui.)

20. Comment désigne-t-on les multiples décimaux du franc? (Rép. 10, 100, 1000, 10 000 francs.) Ses sous-multiples? (Rép. Décime, centime.)

21. Combien pèse la pièce de 5 francs? (Rép. 25 grammes.)

22. Combien pèse la pièce de 50 centimes? (Rép. 2 grammes et demi.)

23. Combien pèse la pièce du double décime ou de 20 centimes? (Rép. 1 gramme.)

24. A quel titre sont les pièces de 2 francs et de 5 francs? (Rép. Au même titre que le franc.)

25. A quel titre sont actuellement les pièces de 50 centimes et de 20 centimes? (Rép. A 0,835.)

26. Rappelez le nombre des pièces de bronze. (Rép. 4.)

27. Combien de métaux dans leur fabrication? (Rép. Trois, cuivre, étain, zinc.)

28. A poids égal, la monnaie de bronze a une valeur combien de fois moindre que celle de l'argent? (Rép. 20.)

29. Quel est le poids du centime? (Rép. 1 gramme, comme la pièce de 20 centimes.)

30. Combien pèse la pièce de 2 centimes? (Rép. 2 grammes.)

31. Combien pèse le demi-décime ? (Rép. 5 grammes.)

32. Combien pèse le décime ? (10 grammes.)

IIIe PARTIE. — INTERROGATIONS INDIVIDUELLES.

NOTA. Le maître posera quelques-unes des questions précédentes. Il demandera l'explication relative au poids du centime déduit de celui du franc.

DEUXIÈME LEÇON.

Ire PARTIE. — EXPLICATIONS.

1. La pièce d'or de 5 francs pèse 1 gramme 61 centigrammes ; son diamètre est de 17 millimètres.

2. La pièce d'or de 10 francs pèse 3 grammes 22 centigrammes ; son diamètre est de 19 millimètres.

3. La pièce d'or de 20 francs pèse 6 grammes 45 centigrammes ; son diamètre est de 21 millimètres.

4. La pièce d'or de 50 francs pèse 16 grammes 13 centigrammes ; son diamètre est de 28 millimètres.

5. La pièce d'or de 100 francs pèse 32 grammes 26 centigrammes ; son diamètre est de 35 millimètres.

NOTA. Le maître écrira les nombres qui désignent le poids et le diamètre de chaque pièce d'or. — Les élèves les copieront.

6. Les pièces d'or sont toutes au titre de neuf dixièmes. Ce sont des *alliages* d'or et de cuivre.

7. D'après la loi, à poids égal, la monnaie d'or a une valeur *quinze fois et demie* plus grande que celle de l'argent.

8. On peut trouver par le calcul les poids des pièces d'or. Soit la pièce de 100 francs. Si ces 100 francs

étaient en argent, ils pèseraient 100 fois 5 grammes, ou

$$100 \times 5$$

en sous-entendant le mot gramme. Mais ils sont en
or, ils pèsent donc 15 fois $\frac{1}{2}$ moins ; il faut donc
diviser 100×5 par 15,5 ; la suppression de la
virgule au diviseur introduit le facteur 10 au dividende ;
mais, multiplier 100 par 5, puis par 10, c'est le multiplier par 50. On peut donc poser la règle suivante :

*Pour calculer le poids d'une pièce d'or, prenez la
155ᵉ partie de 50 fois le nombre qui désigne la valeur de cette pièce, ou, en simplifiant, le 31ᵉ du décuple de la valeur en francs de la pièce proposée.*

9. 155 pièces d'or de 20 francs pèsent un kilogramme.

10. La loi a fixé à 1ᶠ,50 le prix de fabrication d'un
kilogramme d'argent monnayé.

11. Déduction faite de ce prix, un kilogramme
d'argent monnayé vaut 198ᶠ,50.

12. La loi a fixé à 6ᶠ,70 le prix de fabrication d'un
kilogramme d'or monnayé.

13. Déduction faite de ce prix, un kilogramme
d'or avant d'être monnayé vaut 3093ᶠ,30.

14. Dans l'orfévrerie et la bijouterie, la loi ne reconnaît que deux titres pour les ouvrages d'argent. Ces
titres sont 0,950 et 0,800 avec une tolérance de 5 millièmes.

15. Pour les ouvrages d'or, la loi ne reconnaît que
trois titres : 0,920 ; 0,840 ; 0,750 avec **3** millièmes
de tolérance.

16. Ces titres sont indiqués par des *poinçons* dont tout ouvrage d'or ou d'argent doit être frappé dans un bureau de garantie. La marque se nomme *contrôle*.

17. D'après le nouveau tarif, les frais de garantie sont de 24 centimes le gramme pour l'or, et de 12 fr. 50 cent. le kilogr. pour l'argent.

18. Les pièces de 1 centime, 10 centimes, 1 franc, 10 francs et 100 francs ont des valeurs croissantes comme dans la numération décimale. C'est ce qu'on appelle les *pièces fondamentales*.

19. Les neufs autres pièces sont dites *pièces divisionnaires*.

20. Divisons successivement par 5 et par 2 le nombre 10 qui désigne 10 francs ; nous aurons :

$$10^{f} : 5 = 2 \text{ francs.}$$

$$10^{f} : 2 = 5 \text{ francs.}$$

21. Opérons de même avec le nombre 100 :

$$100^{f} : 5 = 20 \text{ francs.}$$

$$100^{f} : 2 = 50 \text{ francs.}$$

22. Opérons de même avec 10 centimes :

$$10^{c} : 5 = 2 \text{ centimes.}$$

$$10^{c} : 2 = 5 \text{ centimes.}$$

23. Opérons de même avec 1 franc ou 100 centimes :

$$100^{c} : 5 = 20 \text{ centimes.}$$

$$100^{c} : 2 = 50 \text{ centimes.}$$

24. En résumé cela fait 13 pièces, et comme la

pièce de 5 francs est en double puisqu'on la frappe en argent et en or, cela fait le total des 14 pièces dont nous avons parlé.

25. D'après cela, on voit pourquoi on a démonétisé plusieurs pièces, la pièce de 25 centimes par exemple. En effet, la fraction $\frac{1}{4}$ ne se trouve pas comprise dans le système décimal.

26. Cela fait voir aussi pourquoi la pièce d'or de 40 francs qu'on trouve dans la circulation n'est plus frappée dans les hôtels de monnaie.

27. Outre les monnaies, il y a les *billets de banque*.

28. Les valeurs de ce papier monnaie sont de 50 fr., 100 fr., 200 fr., 500 fr., 1000 fr. et 5000 fr.

Le maître terminera cette leçon par le tableau suivant :

1 hectolitre de froment coûte *environ*	20 fr.
1 kilogramme de pain.	22 c.
1 — de viande de boucherie	1 fr. 80 c.
1 hectolitre d'avoine	16 fr.
1 — de seigle	14 fr.
1 — d'orge	14 fr.
1 — de colza.	23 fr.
1 — de maïs	13 fr.
1 — de féverole.	13 fr.
1 — de pommes de terre	7 fr.
1 stère de bois dur coûte environ	22 fr.

1. Rappelez le nombre des pièces d'or ? (Rép. 5.)

2. Faites-en de nouveau l'énumération. (Rép. 100 fr., 50 fr., 20 fr., 10 fr. et 5 fr.)

3. A quel titre sont ces cinq pièces? (Rép. Au même titre que le franc)

4. Quelle est la règle pour calculer le poids d'une pièce d'or ? (Rép. On prend le 31ᵉ du décuple de la valeur de la pièce.)

5. Quelles sont les pièces fondamentales de notre système monétaire? (Rép. 1 centime, 10 centimes, 1 franc, 10 francs et 100 francs.)

6. Croissent-elles de 10 en 10 ? (Rép. Oui.)

7. D'après cela, sont-elles soumises à la loi décimale? (Rép. Oui.)

8. Comment appelle-t-on les autres pièces ? (Rép. Divisionnaires.)

9. Pourquoi? (Rép. Division de 10 et 100 par 2 et 5, diviseurs de 10.)

10. Pourquoi a-t-on démonétisé la pièce de 25 centimes ? (Rép. Elle n'était ni la moitié ni le double d'une monnaie décimale).

11. Pourquoi ne frappe-t-on plus la pièce d'or de 40 francs ? (Rép. Elle n'est ni fondamentale ni divisionnaire.)

12. La trouve-t-on dans la circulation? (Rép. Oui.)

13. Quelles sont les valeurs des billets de banque? (Rép. 50 fr., 100 fr., 200 fr., 500 fr., 1000 fr., 5000 fr.)

14. Combien vaut un kilogramme d'argent au titre de 0,9 avant d'être monnayé ? (Rép. 198^f,50.) Combien vaut-il lorsqu'il est monnayé? (Rép. 200 fr.) Pourquoi cette différence ? (Rép. frais de fabrication).

15. Combien vaut un kilogramme d'or au titre de 0,9 avant d'être monnayé? (Rép. 3093^f,30.) Combien vaut-il lorsqu'il est monnayé ? (Rép. 3100 fr.) Pourquoi cette différence? (Rép. Frais de fabrication.)

16. Quels sont les titres pour les ouvrages d'argent? (Rép. 0,950, 0,800.)

17. Quels sont les titres pour les ouvrages d'or ? (Rép. 0,920, 0,840, 0,750.)

18. Ces titres sont-ils-indiqués sur la marchandise? (Rép. Oui, Contrôle.)

IIIᵉ PARTIE. — INTERROGATIONS INDIVIDUELLES.

NOTA. Le maître posera quelques-unes des questions précédentes

---

TROISIÈME ET DERNIÈRE LEÇON
SUR LE HUITIÈME TABLEAU.

Iʳᵉ PARTIE. — RÉSUMÉ DE LA DEUXIÈME LEÇON SUR LES MONNAIES.

IIᵉ PARTIE. — INTERROGATIONS COLLECTIVES, RÉCAPITULATIVES ET DIRECTES SUR TOUTES LES FIGURES DU HUITIÈME TABLEAU.

IIIᵉ PARTIE. — INTERROGATIONS INDIVIDUELLES, RÉCAPITULATIVES ET INVERSES SUR LE HUITIÈME TABLEAU.

AVERTISSEMENT.

Les moniteurs et les monitrices appliqueront au huitième tableau la même méthode qu'aux sept précédents.

PREMIÈRE LEÇON SUPPLÉMENTAIRE.

I. PRINCIPAUX AVANTAGES DU SYSTÈME MÉTRIQUE.

EXPLICATIONS.

1. L'ancien système des poids et mesures ne reposait sur aucune base déterminée. Le nouveau, au contraire, présente un caractère tout différent.

2. En effet, 1° le *mètre* (défini mathématiquement) *est une mesure de longueur égale à la dix-millio- nième partie de l'arc du méridien terrestre compris entre le pôle nord et l'équateur.* 2° Le kilogramme est le poids *absolu* d'un décimètre cube d'eau distillée et à une température déterminée ; par conséquent, le mètre et le kilogramme, bases du nouveau sys- tème, sont aussi inaltérables que le globe que nous habitons *.

3. Dans l'ancien système, la *vérification des poids et mesures* était presque impossible, parce que ces me- sures étaient tellement arbitraires qu'elles changeaient d'un village à un autre ; de là des complications de tout genre dans les transactions commerciales. D'a- près le nouveau, les mesures sont uniformes et les mêmes dans toute la France. La vérification des poids et mesures destinés et servant au commerce est con- fiée à des agents de l'autorité.

4. Dans l'ancien système, la nomenclature présen- tait une inextricable confusion ; dans le nouveau, elle est d'une remarquable simplicité. En effet, cette no- menclature n'est composée que de six noms pour les mesures principales :

Mètre, are, stère, litre, gramme, franc,

et de sept préfixes numéraux pour les multiples et les sous-multiples :

Déca, hecto, kilo, myria ; déci, centi, milli.

Ces préfixes, sauf des exceptions consacrées par l'usage, s'adaptent à chaque classe de mesure.

---

* Le mot *absolu* indique qu'il s'agit ici du poids dans le vide. Les corps pèsent moins dans l'air que dans le vide. (Principe d'Archimède.)

5. Dans l'ancien système, le même mot s'appliquait à des mesures dont les grandeurs étaient très-différentes. C'est ce qui n'a pas lieu dans le nouveau.

6. Dans l'ancien système, les calculs étaient très-compliqués, surtout pour ceux des volumes. Dans le nouveau, les opérations se font exclusivement avec des nombres décimaux. *Le changement d'unité* n'exige qu'un déplacement de virgule.

7. Dans le système métrique, la correspondance les unités de mesure est des plus simples.

8. Prend-on le gramme pour unité de poids, le centimètre cube est l'unité de volume. C'est la définition.

Prend-on une unité de poids 1000 fois plus grande que la précédente, c'est-à-dire le kilogramme, l'unité de volume est 1000 fois plus grande que le centimètre cube; elle est, par conséquent, le décimètre cube.

9. Enfin, prend-on la tonne pour unité de poids, l'unité de volume est le mètre cube.

10. Un grand avantage de notre système est de pouvoir remplacer la définition que les physiciens donnent de la *densité d'un corps* par la suivante que tout le monde peut comprendre : *la densité d'un corps est le poids en kilogrammes d'un décimètre cube de ce corps*. Avec une table de densités (*Annuaire du Bureau des longitudes*), on peut aisément calculer le poids d'un corps, celui d'une barre de fer, par exemple, connaissant son volume, et réciproquement. Dans le premier cas, on fait une multiplication, et dans le second une division. Ces deux problèmes se présentent très-fréquemment dans la pratique.

INTERROGATIONS COLLECTIVES.

1. L'ancien système des poids et mesures reposait-il sur une base déterminée ? (Rép. Non.)

2. Quelles sont les bases du nouveau ? (Rép. Le mètre et le kilogramme*.)

3. Comment le franc se rattache-t-il au mètre ? (Rép. Poids et dimensions.)

4. Pourquoi l'invariabilité est-elle un des caractères du système métrique ? (Rép. Le mètre et le kilogramme ont été pris dans la nature.)

5. En quoi consiste la simplicité de la nomenclature actuelle ? (Rép. 6 noms et 7 préfixes.)

6. Le même mot désigne-t-il, comme autrefois, des mesures de grandeurs différentes ? (Rép. Non.)

7. Les calculs du système métrique sont-ils compliqués ? (Rép. Non, ils sont décimaux.)

8. Le changement d'unité se fait-il par un simple déplacement de la virgule décimale ? (Rép. Oui.)

9. Quelle est l'unité de volume lorsque le gramme est l'unité de poids ? (Rép. Centimètre cube.)

10. Quelle est l'unité de poids lorsque le décimètre cube est l'unité de volume ? (Kilogramme.)

11. Quelle unité de poids faut-il prendre pour que le mètre cube soit l'unité de volume ? (Rép. Tonne métrique.)

12. Lorsqu'on connaît le volume d'un corps, quelle table faut-il

---

* Le platine est presque aussi blanc que l'argent. De tous les métaux c'est le moins dilatable. Il est inaltérable à l'air dans les circonstances ordinaires. Il est inoxydable. — Les acides sont généralement sans action sur lui; cela explique pourquoi les étalons prototypes sont en platine.

consulter pour calculer le poids de ce corps? (Rép. Table de densité.)

13. Quel calcul fait-on? (Rép. Multiplication, celle du volume par la densité.)

14. Réciproquement, quel calcul fait-on pour déduire le volume du poids? (Rép. On divise le poids par la densité.)

15. Ces deux problèmes sont-ils fort utiles dans la pratique? (Rép. Oui.)

QUESTIONS INDIVIDUELLES.

Nota. Faire convertir les 40 millions de mètres du méridien terrestre en kilomètres, en myriamètres. Faire calculer le poids d'un corps connaissant son volume, et réciproquement.

Quel est le poids d'une barre de fer de 3^m,43 de longueur, de 6 centimètres de largeur et de 3 centimètres d'épaisseur? On sait que la densité de ce métal est 7,7888. Quel est le volume d'une barre de fer qui pèse 34 kilogrammes? (Voir au besoin notre *Arithmétique* in-12, 3e édition, pour ces deux problèmes.)

II. LOI DU 4 JUILLET 1837.

Art. 1er. Le décret du 12 février 1812 concernant les poids et mesures est et demeure abrogé.

Art. 2. Néanmoins, l'usage des instruments de pesage et de mesurage confectionnés en exécution des articles 2 et 3 du décret précité sera permis jusqu'au 1er janvier 1840.

Art. 3. A partir du 1er janvier 1840, tous poids et mesures autres que les poids et mesures établis par les lois du 18 germinal an III (7 avril 1795) et 19 frimaire an VIII (10 décembre 1799), constitutives du système métrique décimal, seront interdits sous les peines portées par l'article 479 du Code pénal *.

---

* Cet article porte : § 6. Seront punis d'une amende de 11 à 15 fr., ceux qui emploieront des poids ou mesures différents de ceux qui sont établis par les lois en vigueur.

L'article 480 porte que l'on pourra, dans le même cas et selon les circonstances, prononcer la peine d'emprisonnement pendant cinq jours au plus.

Art. 4. Ceux qui auront des poids et mesures autres que les poids et mesures ci-dessus reconnus, dans leurs magasins, boutiques, ateliers ou maisons de commerce, ou dans les halles, foires ou marchés, seront punis comme ceux qui les emploieront, conformément à l'article 479 du Code pénal.

Art. 5. A compter de la même époque, toutes dénominations de poids et mesures autres que celles portées dans le tableau annexé à la présente loi, et établies par la loi du 18 germinal an III, sont interdites dans les actes publics, ainsi que dans les affiches et les annonces.

Elles sont également interdites dans les actes sous seing-privé, les registres du commerce et autres écritures privées produites en justice.

Les officiers publics contrevenants seront passibles d'une amende de vingt francs, qui sera recouvrée en contrainte comme en matière d'enregistrement.

L'amende sera de 10 francs pour les autres contrevenants; elle sera perçue pour chaque acte ou écriture sous signature privée. Quant aux registres de commerce, ils ne donnneront lieu qu'à une seule amende pour chaque contestation dans laquelle ils seront produits.

Art. 6. Il est défendu aux juges et arbitres de rendre aucun jugement ou décision en faveur des particuliers sur des actes, registres ou écrits dans lesquels les dénominations interdites par l'article précédent auraient été insérées, avant que les amendes encourues aux termes dudit article aient été payées.

Art. 7. Les vérificateurs des poids et mesures constateront les contraventions prévues par les lois et règlements concernant le système métrique des poids et mesures. Ils pourront procéder à la saisie des instruments de pesage et mesurage dont l'usage est interdit par lesdites lois et règlements.

Leurs procès-verbaux feront foi en justice jusqu'à preuve contraire.

Les vérificateurs prêteront serment devant le tribunal d'arrondissement.

DEUXIÈME LEÇON SUPPLÉMENTAIRE.

RÉCAPITULATION DES MOTS TECHNIQUES EN USAGE DANS LE SYSTÈME MÉTRIQUE.

Nota. Le maître écrira au fur et à mesure les mots : *are, balance, carré, centi,* ..., renfermés dans ce petit vocabulaire, et les élèves les copieront.

Are, de *area*, surface (d'où vient aussi le mot *aire*) ; superficie d'un carré de 10 mètres de côté — Décamètre carré — 100 mètres carrés de superficie — centième partie de l'hectare — unité principale des mesures agraires — Un are de terre en jardin potager, etc.

Balance, Du latin *bilanx*, formé de *bis*, deux fois, et *lanx*, bassin. — Instrument qui sert à trouver le poids d'un corps. — Les anciens faisaient de la balance le symbole de la justice. — Balance de comptoir; balance-bascule.

Carré. Figure qui a les quatre angles droits et les quatre côtés égaux. Lorsqu'on *double* le côté d'un carré, on *quadruple* sa surface ; lorsqu'on *décuple* le côté d'un carré, on *centuple* sa surface; lorsqu'on prend les *trois quarts* du côté d'un carré, on prend les *neuf seizièmes* de sa surface. Les surfaces de deux carrés se contiennent, comme les carrés des valeurs numériques des deux côtés. Plus généralement, les surfaces de deux carrés sont entre elles comme les carrés des valeurs numériques des deux côtés. — Mètre carré ou carré d'un mètre de côté — décimètre carré ou carré d'un décimètre de côté etc. — Le carré d'un nombre n'est pas le double de ce nombre, mais le produit de ce nombre par lui-même. Le carré de 3 est 9.

Centi. Préfixe numéral employé dans beaucoup de composés, et particulièrement dans le système métrique, où il remplace le mot *centième :* par exemple, *centimètre, centilitre, centigramme,* pour centième partie du mètre, centième partie du litre, centième partie du gramme.

*Centi*mètre carré, carré d'un centimètre de côté et non centième de mètre carré ; *centi*mètre cube, cube d'un centimètre de côté, et non centième de mètre cube.

Centiare. Centième partie de l'are. Le centiare est égal au mètre carré — Parterre de cinq ares huit centiares, etc.

Centigramme. Centième partie du gramme — Un centigramme d'or, d'argent, etc.

Centilitre. Centième partie du litre — Un centilitre d'eau-de-vie, etc.

Centime. Le centième du franc ; pièce en bronze pesant un gramme. L'échelle monétaire commence au centime et finit à la pièce d'or de 100 francs — Il y a douze pièces intermédiaires. — Un franc quinze centimes, et par ellipse un franc quinze.

Centimètre. Centième partie du mètre — Taille d'un mètre soixante-quinze centimètres — Planche d'un centimètre d'épaisseur.

Cube, de *cubos*, dé à jouer, solide compris sous six carrés égaux — C'est un *hexaèdre* régulier — Il a *huit* sommets, *douze* arêtes ou côtés et *quatre* diagonales — Mètre cube ou cube d'un mètre de côté — On rend un cube *huit* fois plus grand lorsqu'on *double* son côté — Un cube est 1000 fois plus grand qu'un autre cube, lorsque le côté du premier est décuple du côté du second — Deux cubes se contiennent comme les cubes des valeurs numériques de deux côtés. Plus généralement, les volumes de deux cubes sont entre eux comme les cubes des valeurs numériques des côtés. — Le cube d'un nombre n'est pas le triple de ce nombre, mais le produit du carré du nombre par ce nombre. — Le cube de 3 est le produit de 9 par 3, ou 27.

Déca, de *déca* ; ce préfixe grec (en latin *decem*), joint au nom d'une mesure métrique, désigne dix fois cette unité de mesure — Décamètre ou 10 mètres ; décalitre ou 10 litres ; décastère ou 10 stères ; décagrammes ou 10 grammes — Décamètre carré, carré de 10 mètres de côté, et non dix mètres carrés.

Décagramme. Poids de 10 grammes. — Un décagramme d'argent, de cuivre, de plomb.

Décalitre. Mesure de 10 litres. — Un décalitre de vin, de blé, de sel, etc., — un double décalitre de pommes de terre.

Décamètre. Mesure de 10 mètres de longueur — Le décamètre des arpenteurs, chaîne de 10 mètres de longueur, formée de 50 chaînons de 2 décimètres de longueur chacun, les deux poignées comprises. — Le décamètre en acier — le double-décamètre ou chaîne de 20 mètres avec 40 chaînons de 50 centimètres de longueur.

Déci. Préfixe numéral qui signifie *dixième* partie d'une chose — Décimètre, décistère, décilitre, décigramme, etc. — Ce préfixe latin a été choisi pour marquer les fractions décimales de l'unité métrique, par opposition au préfixe grec *déca* qui en marque les multiples.

Décigramme. Dixième partie du gramme — Un décigramme d'or, d'argent, de rhubarbe, etc.

Décilitre. Dixième partie du litre — Un décilitre de vin, de bière, d'huile, etc.

Décime. Dixième partie du franc — Le décime vaut 10 centimes. — Double décime, ou pièce de 20 centimes — demi-décime ou pièce de 5 centimes.

Décimètre. Dixième partie du mètre — Trois mètres cinq décimètres de haut.

Décistère. Dixième partie du stère ou du mètre cube. Mesure pour les fagots, les falourdes, etc.

Étalon. Modèle-type de poids, de mesures, réglé et autorisé par la loi, auquel doivent être conformes les poids et mesures des marchands — Les prototypes du mètre et du kilogramme ont été déposés aux Archives l'an 1799. — Des étalons des poids et mesures sont remis à tous les vérificateurs de poids et mesures. — *Étalonner*, marquer une mesure après vérification sur l'étalon.

Franc, unité monétaire — Pièce du poids de 5 grammes — Les neuf dixièmes de ce poids sont en argent pur, le dixième du même poids est en cuivre. Alliage d'argent et de cuivre au *titre de neuf dixièmes*, composé de 4 grammes cinq décigrammes d'argent, et de cinq décigrammes de cuivre — Ces cinq décigrammes sont le *dixième* du poids total ou le *neuvième* du poids de l'argent fin — Le franc a un millimètre d'épaisseur et 23 millimètres de diamètre.

Gramme, de *gramma*, poids grec, appelé *scrupule* chez les Romains, poids de la quantité d'eau distillée (à la température de 4 degrés centigrades) nécessaire pour remplir un cube d'un centimètre de côté — Petit poids, celui d'une pièce de 20 centimes en argent, d'une pièce de 1 centime en bronze.

Hecto, forme abrégée du grec *hékaton*, cent, mot numérique qui joint à une unité de mesure, en désigne le centuple.

Hectare, de hecto et de are, par syncope hectare. Mesure de superficie contenant 100 hectares ; hectomètre carré, étendue de 10 000 mètres carrés — Un hectare de terre labourable — cinq hectares de prés, de vignes, etc.

Hectogramme. Poids de 100 grammes — Poids d'un décilitre d'eau pure — Hectogramme de fer, d'or, de plomb, d'huile, de potasse, de soude, etc.

Hectolitre. Mesure de 100 litres — Hectolitre de vin, de bière, de froment, de farine, etc. — Double hectolitre et demi-hectolitre de charbon.

Hectomètre. Distance de 100 mètres — Rue d'un hectomètre de long — Monument d'un hectomètre de haut — Place publique d'un hectomètre carré, c'est-à-dire d'un carré d'un hectomètre de côté.

Kilo, forme abrégée du grec *kilio*, mille; suivi d'une unité de mesure, il indique mille fois cette unité — Kilomètre, kilogramme, *chiliade.*

Kilogramme. Poids de 1000 grammes — Poids d'un décimètre cube d'eau — Étalon légal en platine — Mille kilogrammes, ou tonne métrique, ou millier métrique — Un kilogramme de fer, de plomb, de cuivre, d'acier, de farine, etc.

Kilomètre. Distance de 1000 mètres — Mesure itinéraire — Lieue de quatre kilomètres — bornes placées sur les routes à un kilomètre de distance — Kilomètre carré ou carré d'un kilomètre de côté, valant 100 hectares, pour évaluer la superficie d'une commune, d'un canton, etc.

Litre, du grec *litra* livre — Unité de mesure et de capacité pour les liquides et les matières sèches — Comme contenance, il équivaut exactement au décimètre cube, employé sous forme cylindrique — Un litre de vin, de bière, de lait, etc.

Mètre, du grec *métron*, mesure — Mesure de longueur — Le mètre a donné son nom au nouveau système de poids et mesures. — Système métrique — Toutes les unités de mesure dépendent du mètre, et par conséquent du globe que nous habitons, puisque le mètre est la quarante-millionième partie de la circonférence de la terre — prototype du mètre en platine. — Un mètre de haut — mètre carré — mètre cube.

Milli. Préfixe numéral qui signifie la 1000e partie d'une chose, — Millimètre carré, carré d'un millimètre de côté — Millimètre cube, cube d'un millimètre de côté.

Milligramme. Millième partie du gramme — Poids d'un millimètre cube d'eau — Dix milligrammes d'émétique, etc.

Millimètre. Millième partie du mètre — Évaluation des petites longueurs, épaisseurs — L'épaisseur du franc est de 1 millimètre.

Myria, du grec *myrioi*, qui veut dire dix mille, *myriade*.

Myriagramme, poids de 10000 grammes, expression peu usitée.

Myriamètre. Distance de 10000 mètres — 1000e partie du quart du méridien terrestre — Distance géographique, maritime — Myriamètre carré, carré d'un myriamètre de côté, et non 10 000 mètres carrés.

Parallelipipède rectangle, ou mieux *Parallélépipède*, de *parallèle*, et du grec *épi*, sur, et *pédion*, plaine, surface plane. — Hexaèdre à faces rectangulaires.

Quintal métrique, Poids de 100 kilogrammes ; poids d'un hectolitre d'eau pure.

Rectangle. Quadrilatère équiangle sans être équilatéral.

Stère ; du grec *stéréos*, solide, mesure des bois de chauffage — c'est le mètre cube.

Tonne métrique, ou *Tonneau de mer*. Poids de 1000 kilogrammes. — Poids d'un mètre cube d'eau pure. — Paquebot de 1200 tonneaux.

FIN.

NOTES DIVERSES

ET

DOCUMENTS OFFICIELS

RELATIFS AU SYSTEME MÉTRIQUE

A L'USAGE DU MAITRE

AVERTISSEMENT.

Le système métrique abonde en détails utiles et instructifs dont il n'a pas été fait mention dans les leçons précédentes, dans la crainte d'en trop dire sur une matière qui cependant intéresse tout le monde, puisqu'il s'agit des choses journalières de la vie.

Nous avons donc lieu d'espérer que les professeurs nous sauront gré d'avoir complété dans un *Appendice* quelques-unes de nos explications, et surtout d'avoir introduit, pour la première fois, dans un livre classique, certains documents d'autant plus précieux qu'ils ont un caractère officiel. Ces documents, qui émanent du ministère de l'agriculture, du commerce et des travaux publics, duquel dépendent les *bureaux de la vérification des poids et mesures*, épargneront aux maîtres des recherches souvent difficiles.

L'Appendice comprend en outre un *modèle d'examen général sur le système métrique*, pour constater le degré d'instruction des élèves qui prochainement quitteront définitivement l'école. Pour la commodité de cet examen, nous avons fait la récapitulation de toutes les légendes placées au bas de chaque tableau. Vient ensuite une note additionnelle fort importante.

Peut-être le maître fera-t-il bien de consacrer quelques leçons supplémentaires à ses meilleurs élèves sur les matières renfermées dans cet Appendice.

—————

NOTES DIVERSES.

I.

DÉCAMÈTRE EN RUBAN D'ACIER.

1. Ce décamètre se compose d'un ruban d'acier muni à chaque extrémité d'une *poignée* en cuivre comprise dans la longueur de 10 mètres.

2. Chaque poignée porte ordinairement, du côté extérieur, une échancrure demi-cylindrique verticale, dans laquelle se loge à moitié une fiche. Ainsi, lorsque le ruban est tendu, la distance entre les axes des deux fiches plantées dans le sol aux deux extrémités de l'instrument est exactement de 10 mètres.

3. De deux en deux décimètres, une rondelle de cuivre est fixée au ruban par un rivet; des trous placés chacun entre deux rondelles successives partagent le décamètre en décimètres.

4. De mètre en mètre, la rondelle est plus grande et porte un chiffre qui indique en mètres la distance au point initial.

5. La rondelle, qui porte le chiffre 5, est remplacée par une plaque en losange, ce qui permet de distinguer facilement le milieu du décamètre.

6. Pour la commodité du transport, on roule le ruban en spirale et on l'engage dans une chape rectangulaire, où il est retenu par une broche comme le représente la figure 6 du premier tableau.

7. Le décamètre en ruban d'acier a l'avantage de ne pas être extensible. Sa longueur n'est pas susceptible de varier, comme cela peut arriver pour les autres instruments, par des causes diverses. Son exactitude ayant été vérifiée une fois pour toutes, il est toujours juste.

8. Cet instrument coûte 12 fr. La chaîne en fer coûte moins cher; on peut s'en procurer une pour 5 fr.

Usage de la chaîne. Pour *mesurer une ligne droite,* marquée sur le terrain à l'aide de jalons, on se sert de la chaîne métrique. L'aide qui marche en avant, dans la direction des piquets, porte 10 fiches qu'il enfonce verticalement et successivement dans le sol, lorsque la chaîne est suffisamment tendue, et que ses extrémités sont dans une même ligne horizontale. Le chaîneur, qui vient après, enlève ces fiches au fur et à mesure.

Si la ligne parcourue est de plus d'une *portée*, c'est-à-dire si elle est plus longue que 10 fois la chaîne, on continue la même opération en retenant ou en écrivant sur un carnet le nombre de portées et de mètres que contient la ligne mesurée.

Cette opération, si simple en apparence, exige de grandes précautions pour cheminer en ligne droite.

Le mesurage est plus difficile lorsque les lignes d'opération traversent un terrain qui offre une ou plusieurs pentes fort longues et très-sensibles, parce qu'alors on ne peut plus disposer la chaîne horizontalement.

Il y a même des obstacles qui exigent qu'on ait recours à un instrument autre que la chaîne. Ce sont des détails dans lesquels nous ne pouvons entrer.

II.

NOUVEAU MODÈLE DES POIDS A GODETS.

Dans l'ancien modèle, les *poids égaux* (ceux de 100 grammes, 10 grammes et 2 grammes), nécessaires pour pouvoir faire toutes les pesées et avoir un poids de 1 kilogramme (les explications seraient les mêmes pour une boîte d'un poids moindre) n'avaient pas des dimensions égales. Ils entraient l'un dans l'autre, et leurs bords affleuraient, en sorte que le plus petit avait une plus grande épaisseur. Il en résultait qu'à vue d'œil le plus grand pouvait passer pour avoir un poids double de celui du plus petit. Pour obvier à cet inconvénient, on a adopté un nouveau modèle d'après lequel les poids égaux sont égaux dans toutes leurs dimensions. L'un, entrant dans l'autre en partie, déborde nécessairement; mais ces deux poids égaux, ainsi placés l'un dans l'autre, entrent complétement dans le poids immédiatement supérieur dont, à cet effet, la cavité est en partie cylindrique et en partie conique. De cette façon, un des poids égaux entre au fond dans la partie conique, et le bord de celui qui est au-dessus affleure néanmoins le bord du poids dans lequel il est contenu.

Conséquence. Les poids étant tous les uns dans les autres, leurs bords forment une surface continue. Un des deux poids égaux entre eux n'est pas visible puisqu'il est logé au fond de celui qui le contient. Le vide n'est pas apparent.

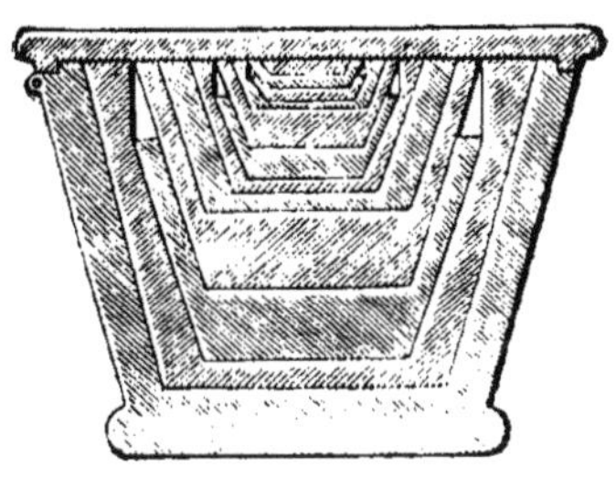

III.

BALANCES.

1. On appelle *levier* tout corps long, rigide, ayant un point fixe, ou *point d'appui*.

2. Un levier sert à soulever des fardeaux, à mouvoir, à soutenir des corps pesants.

3. La *puissance* est la force qui agit sur le levier.

4. La *résistance* est le poids à soutenir, ou l'obstacle à vaincre.

5. Il y a trois genres de levier.

6. Un levier du premier genre est celui dans lequel le point d'appui est situé entre la puissance et la résistance.

7. Exemples. Barre de fer pour soulever des pavés, balance, romaine, ciseaux, tenailles, etc.

8. Un levier du deuxième genre est celui dans lequel la résistance est située entre la puissance et le point d'appui.

9. Exemple. Les rames d'un bateau.

10. Un levier du troisième genre est celui dans lequel la puissance est située entre le point d'appui et la résistance.

11. Exemple. Une pincette.

12. On appelle *bras de levier* les distances du point fixe à la puissance et à la résistance.

13. Pour que la puissance et la résistance se fassent équilibre, il faut qu'elles fassent tourner le levier en sens contraires. Il faut, en outre, que le produit de la puissance par son bras soit égal à celui de la résistance par le bras correspondant.

14. Pour que l'obstacle soit vaincu, il faut que le premier produit surpasse le second.

15. D'après ce qui précède, la puissance nécessaire pour vaincre un obstacle est d'autant plus petite que le bras correspondant est plus long.

Description d'une balance.

1. On appelle *balance* tout instrument qui sert à peser les corps.

2. La balance est un levier du premier genre.

3. Le principe sur lequel elle repose a été énoncé page 93, au n° **16.**

4. *Parties principales de la balance ordinaire :* barre métallique droite et rigide ; c'est le *fléau,* dont les parties ou *bras* sont d'égale longueur. Ce fléau porte en son milieu un couteau d'acier dont l'arête repose sur deux plaques également en acier. Aux extrémités des bras sont suspendus des *bassins* ou *plateaux* égaux entre eux.

5. Lorsque la balance est vide ou chargée de poids égaux, le fléau doit osciller librement de part et d'autre de sa position horizontale.

6. Ces oscillations sont indiquées par une *aiguille* placée au milieu du fléau dans une direction qui lui est perpendiculaire.

7. On appelle *chape* une espèce de pince destinée à suspendre la balance. Le fléau et l'aiguille passent entre les deux branches de la chape, et les extrémités du couteau traversent deux ouvertures circulaires. Dans ces ouvertures sont incrustées les deux plaques d'acier sur lesquelles repose l'arête du couteau.

8. Dans la figure 1 (septième tableau), l'aiguille indicatrice est cachée par l'une des branches de la chape. Quand la balance oscille, cette aiguille sort à droite ou à gauche.

9. Suivant l'usage qu'on veut en faire, on tient la balance à la main par l'anneau ou le crochet dont la chape est munie.

10. D'autres fois, l'instrument est suspendu par ce même anneau à une *potence* fixe.

11. Souvent la chape est remplacée par une *colonne* reposant sur un *socle* ou pied qui lui donne de la stabilité.

12. La partie supérieure de la colonne a une fente dans laquelle passe le fléau dont le couteau repose également sur deux plaques d'acier incrustées dans deux ouvertures circulaires.

13. L'extrémité de l'aiguille parcourt un arc de cercle gradué.

14. La manière dont les balances, avec leurs accessoires, sont disposées, est extrêmement variée.

Nota. Nous avons dit que les balances à ressort étaient prohibées. Mais ces instruments sont fort utiles en agriculture pour apprécier les efforts de traction des attelages, etc.

DOCUMENTS OFFICIELS
RELATIFS AU SYSTÈME LÉGAL DES POIDS ET MESURES.

———

I. EXTRAIT DU RÈGLEMENT.

Erreurs tolérables. — On appelle ainsi les petites erreurs que la loi tolère dans les poids et mesures métriques, le poids légal des denrées (pain, viande, etc.).

Vérification des poids et mesures. — Les commerçants munis de poids et mesures nouvellement fabriqués sont assujettis à les présenter dans un bureau de garantie, pour être soumis à un contrôle et à un poinçonnage. C'est pour maintenir dans toute la France l'uniformité des poids et mesures, que des vérificateurs, nommés par le Gouvernement, sont chargés de constater chaque année la bonne qualité des poids et mesures qui leur sont présentés, de visiter les magasins, boutiques, ateliers, où l'on fait usage de ces instruments, et de dresser procès-verbal en cas de contravention [*].

D'après l'article 423 du Code pénal, quiconque, par usage de faux poids ou de mesures inexactes, a trompé sur la quantité des objets vendus, est puni d'un emprisonnement de 3 mois à 1 an, et d'une amende de 50 francs au moins.

Les détenteurs de faux poids sont punis d'une amende de 4 à 15 francs, et d'un emprisonnement de 5 jours au plus. (Art. 479.)

Dénominations prohibées. — Toutes dénominations de poids et mesures, autres que celles qui sont portées dans un tableau

[*] Les nouveaux appareils pour le pesage et le mesurage ne peuvent être mis en circulation qu'après avoir été approuvés par le Ministre des travaux publics, qui en donne avis aux Préfets, avec communication des dessins de ces appareils, destinés aux vérificateurs des poids et mesures. Ces fonctionnaires sont alors autorisés d'apposer snr les instruments établis en conformité du modèle approuvé, le poinçon primitif, ou poinçon de fabrication, sans lequel ils ne pourraient être mis en vente, sans préjudice de la marque périodique, qui ne s'applique que lorsque les instruments sont en service chez les débitants.

annexé à la loi du 4 juillet 1837 (tableau publié par la préfecture de police), sont interdites dans les actes publics, ainsi que dans les actes sous seing-privé, les registres de commerce et autres écritures privées, produites en justice, sous peine de *vingt francs* d'amende pour les officiers publics, et de 10 francs pour les autres contrevenants (art. 5 de la loi précitée).

Il est défendu, en conséquence, aux officiers et crieurs publics, de se servir des dénominations prohibées dans les publications, affiches, annonces, encans, enchères et ventes de marchandises.

Il est défendu aux commerçants de se servir des dénominations telles que *livre*, *sou*, *boisseau*, et toutes autres que celles prescrites par la loi, pour indiquer, au moyen d'étiquettes ou verbalement, le prix ou la quantité de leurs marchandises.

Il est également interdit aux placiers des marchés et aux marchands ambulants d'employer des dénominations anciennes et contraires au *système décimal*, pour annoncer ou vendre leurs denrées, sous peine de retrait de leurs places ou médailles, indépendamment des poursuites judiciaires à exercer à leur égard.

II. DÉCAMÈTRE EN RUBAN D'ACIER.

Extrait de la circulaire ministérielle du 10 juin 1860.

Un fabricant de mesures linéaires a présenté des mètres et des décamètres en ruban d'acier, dont il demande l'admission à la vérification.

Ce mode de fabrication a paru au comité des arts et manufactures présenter toutes les garanties désirables de solidité et d'exactitude et être préférable aux décamètres-chaînes. J'ai décidé, en conséquence, que les mesures de longueur en ruban d'acier, enroulées ou non dans une boîte spéciale, seront admises à la vérification, lorsqu'elles réuniront les conditions de justesse prescrites par les règlements.

L'acier ne se prêtant pas, à moins de certaines préparations, à la marque des empreintes de vérification, les poinçons de marques première et périodique seront apposés sur les poignées en cuivre ou sur les rondelles de jonction établies de mètre en mètre, ou de décamètre en décamètre, sur le ruban gradué au moyen de trous obtenus mécaniquement.

III. MEMBRURES DU STÈRE ET DU DOUBLE STÈRE.

Extrait de l'ordonnance du 7 septembre 1850, relative à la vente
du bois de chauffage.

*Description de la membrure double stère pour le mesurage du bois
de chauffage.* — La membrure double stère sera formée :

1º D'une *sole* en chêne, bien droite et bien équarrie, de 3 mètres 20 centimètres de longueur sur 12 centimètres de largeur et
7 centimètres de hauteur.

2º De deux *montants* de 88 centimètres de hauteur (non compris les tenons), 7 d'épaisseur et 12 de largeur. Ils seront ferrés
à leur partie supérieure, d'une plate-bande en fer forgé entaillée
dans le bois, et qui fera retour à angle droit le long des deux
faces extérieures des montants, sur une longueur de 10 centimètres.

3º De deux *contrefiches* de 74 centimètres de longueur environ
(non compris les tenons), 8 centimètres de largeur et 6 centimètres d'épaisseur.

Il sera placé sur la sole, vers l'endroit où sont assemblés les
montants, deux plates-bandes de fer, entaillées de 4 centimètres
au moins de largeur sur 20 centimètres de longueur.

4º D'un *châssis* en charpente, de 1 mètre 137 millimètres * de longueur hors œuvre, formé de deux sous-traits de
2 mètres 10 centimètres de longueur sur 5 centimètres de
largeur et 12 centimètres de hauteur, qui seront joints entre
eux par trois traverses de 10 centimètres de largeur sur 5 d'épaisseur, assemblées à tenons et mortaises, et de manière que
la sole de la membrure posée sur ces traverses soit exactement
de niveau avec les sous-traits. Les deux traverses des extrémités seront garnies, au-dessus, de deux plates-bandes de fer
entaillées dans le bois, et qui devront avoir 4 centimètres de large
sur 40 de longueur. Il sera adapté à la partie extérieure d'un des
montants de la membrure un crochet de fer auquel sera fixée une
corde de 5 millimètres au plus de grosseur sur 2 mètres 25 centimètres de longueur, qui portera à son autre extrémité un poids de

---

* C'est la longueur moyenne ordinaire du bois de chauffage.

1 kilogramme au moins. Cette corde servira à régler le plein de la mesure.

Description de la membrure stère. — La mèmbrure stère sera construite sur le même modèle ; seulement la sole n'aura que 2 mètres 20 centimètres de longueur ; les deux montants ne seront séparés que de 1 mètre dans œuvre ; le châssis n'aura que 1 mètre 5 centimètres de longueur. Les autres dimensions et grosseurs de bois resteront les mêmes.

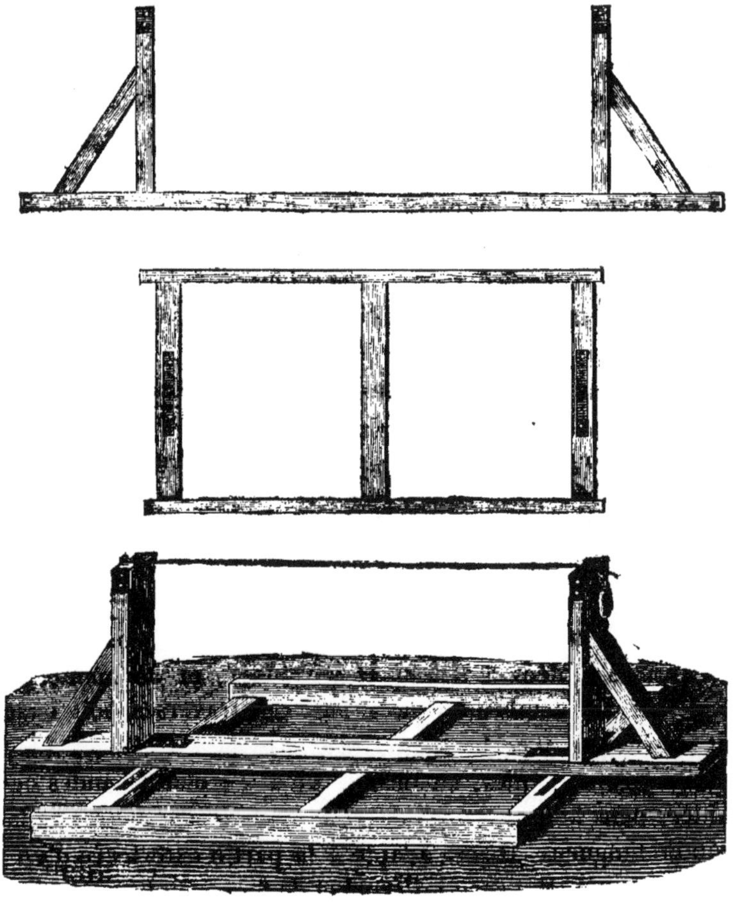

Nota. Dans le préambule de l'ordonnance, on lit : « Il convient, jusqu'à ce que l'expérience soit faite, de laisser le consommateur libre de recourir, soit au pesage, soit au mesurage, selon qu'il le croira utile à ses intérêts. »

IV. MESURES DE CAPACITÉ POUR LES MATIÈRES SÈCHES.

Extrait de la circulaire ministérielle du 2 mai 1840.

Pour le mesurage de certaines marchandises, et notamment du charbon de bois, une mesure d'un *double hectolitre de capacité* paraît devoir être très-utile, et c'est sous ce rapport qu'on en a réclamé l'admission à la vérification et au poinçonnage. Les conditions à remplir seront les suivantes :

1° Ces mesures de capacité devront être en bois de chêne, en cuivre ou tôle, dans la forme d'un cylindre dont la hauteur et le diamètre intérieur, qui doivent être de la même dimension, auront 634 millimètres.

2° Elles seront soumises, en tout ce qui concerne leur justesse et leur solidité, aux autres conditions d'admission indiquées dans l'ordonnance du 16 juin 1839 et dans les instructions officielles relatives à la fabrication et à la vérification des mesures de la même espèce.

Extrait du décret du 5 novembre 1852.

A l'avenir, les bois de noyer ou de hêtre pourront être employés, ainsi que les bois de chêne, pour la fabrication en feuilles ou éclisses des mesures de capacité destinées aux mesurages des matières sèches.

Extrait du décret du 3 octobre 1856.

A partir de la promulgation du présent décret, le bois de châtaignier pourra être employé avec les bois de chêne, de hêtre et de noyer à la fabrication en feuilles ou éclisses, des mesures de capacité pour les matières sèches.

Extrait de la circulaire ministérielle du 5 juin 1856.

A l'avenir, les grandes mesures en bois pourront être construites avec une seule feuille, conformément aux modèles déposés dans les bureaux de vérification. Les doubles feuilles ne seront exigées que pour l'hectolitre et le demi-hectolitre à pieds, qui sont plus spécialement destinés au mesurage du charbon de terre ou de bois, de la houille et de la chaux, et pour le double hectolitre sur fond ou sur pieds.

Extrait de la circulaire ministérielle du 2 avril 1860.

A l'avenir, les fabricants de boissellerie pourront être admis à employer le cuivre et ses alliages, de même que la tôle et le fer, pour les armatures des mesures de capacité en bois.

V. MESURES DE BOISSELERIE EN BOIS DE PLACAGE.

Circulaire du 20 mai 1861.

Le sieur Souillac, boisselier à Riom, a présenté à mon ministère un nouveau modèle de mesures de capacité pour les matières sèches. Le système de fabrication de cet industriel consiste à employer, au lieu d'éclisses, des feuilles de bois de placage, superposées au moyen du collage, pour former la partie cylindrique de ces mesures.

Le comité consultatif des arts et manufactures, ayant eu à examiner ce procédé, a reconnu qu'il offre des avantages sur celui actuellement en usage.

J'ai décidé, en conséquence, que les mesures établies suivant ce mode de fabrication seront admises à la vérification et au poinçonnage, lorsqu'elles réuniront les conditions de justesse et de solidité prescrites par les règlements *.

VI. MESURES EN ÉTAIN ET EN FER-BLANC.

Extrait du décret du 5 novembre 1852.

Les mesures de capacité pour les liquides, notamment pour les huiles et l'alcool, pourront être établies en fer-blanc, mais exclu-

---

* Nous avons examiné ces mesures. Elles sont disposées de façon que les effets atmosphériques sont détruits. Il n'y a ni retrait ni dilatation. Nous avons surtout remarqué les mesures en placage de noyer verni, bordées en cuivre. *(Note de l'auteur.)*

sivement avec celui qui est connu dans le commerce sous la dénomination de *cinq*, de *quatre* ou de *trois croix*.

Extrait de la circulaire ministérielle du 5 août 1854.

Les anses et les crochets n'étant que des accessoires qui ne modifient ni altèrent en rien la forme et la dimension des mesures, il n'y a nul inconvénient à permettre que les doubles litres et les litres en fer-blanc, destinés à la vente du lait, soient comme les mesures plus petites, garnis indistinctement d'anses et de crochets. Ceux qui rempliront l'une ou l'autre de ces conditions devront être admis dorénavant à la vérification. Cette décision repose sur le principe qui a déjà fait admettre les becs et les couvercles de certaines autres mesures, conformément à l'avis du comité consultatif des arts et manufactures.

Extrait de la circulaire ministérielle du 16 novembre 1864.

Le décret du 5 novembre 1852 a, par extension à ce qui se pratiquait déjà pour le lait, autorisé l'emploi du fer-blanc pour la fabrication des mesures destinées au commerce des autres liquides. J'ai, en outre, décidé que les mesures de liquides, même celles destinées au mesurage du lait, pourront être faites en tôle étamée, et seront admises à la vérification et au poinçonnage.

VII. BALANCES.

Extrait de la circulaire ministérielle du 22 mai 1855.

Depuis longtemps de nombreuses plaintes sont adressées à l'administration sur la mauvaise fabrication des balances de comptoir dites Roberval.

Dans l'état où ils sont aujourd'hui livrés au commerce, ces instruments sont, en effet, souvent défectueux, et, pour cela même, ils peuvent prêter à la fraude et à l'erreur. Cette considération en a fait demander la prohibition ; mais, d'une part, la balance *système Roberval* peut être d'un usage facile, et elle est généralement employée dans le commerce. Dans cette situation, il m'a semblé qu'au lieu d'en prononcer immédiatement la suppression l'administration devait se borner à prendre les mesures nécessaires pour ramener cet instrument à une meilleure fabrication. (Viennent ensuite les dispositions à suivre à l'avenir. Les vérificateurs ont été chargés de surveiller l'exécution des nouvelles prescriptions.)

Extrait de la circulaire ministérielle du 25 août 1855.

Dans le courant de l'année 1854, des observations parties de diverses sources ayant signalé l'emploi irrégulier de *balances-bascules à tablier rectangulaire reposant sur trois points d'appui*, des instructions s'ensuivirent qui enjoignaient aux vérificateurs des poids et mesures des départements où l'abus paraissait s'être introduit de s'abstenir dorénavant de poinçonner les instruments de cette espèce. Cette injonction était conforme aux appréciations du comité consultatif des poids et mesures, qui, en plusieurs circonstances, avait déclaré défectueuses et antiréglementaires des balances à bascules à trois points d'appui avec tablier carré. Aucune autorisation administrative n'avait, en effet, permis l'admission au poinçonnage d'instruments de pesage établis d'après ce système. La bascule *Quintenz* à trois points d'appui, telle qu'elle a été approuvée en 1827, avait le tablier en forme de trapèze, et celle de la maison Béranger, adoptée plus tard avec le tablier rectangulaire, repose sur quatre points d'appui. Mais, depuis 1827, les fabricants des bascules *système Quintenz* ont, pour la plus grande facilité des pesées, et sans autorisation spéciale, substitué le tablier carré au tablier rectangulaire; par cela même, ces instruments se trouvaient compris dans la prohibition résultant des instructions de 1854, et un grand nombre de détenteurs de bonne foi pouvaient ainsi voir leurs intérêts compromis.

Le comité a déclaré que l'on peut admettre au poinçonnage la balance-bascule *Quintenz*, à fléau droit, placé suivant la longueur du tablier, avec un plateau pour les poids ou avec une romaine : *le tablier en forme de trapèze ou carré, portant sur trois points d'appui qui figurent un triangle isocèle.*

Cette balance et celle de la maison Béranger, avec une romaine ou un fléau à poids placés en travers, et avec tablier carré portant sur quatre points d'appui, sont les deux seuls systèmes qui aient été admis jusqu'à ce jour. Dans l'opinion du comité, ils peuvent suffire aux besoins du commerce, et il pourrait y avoir de graves

inconvénients à multiplier inutilement les différents genres de balances.

1° La force des leviers doit être bien en rapport avec la portée
maxima de la balance.

2° Les couteaux et les chapes doivent être en acier trempé.

3° Ces instruments, présentés aux vérificateurs, doivent répondre, sur tous autres points, aux exigences réglementaires.

Extrait de la circulaire ministérielle du 15 octobre 1855.

1° A partir du 1er janvier 1856, les couteaux et coussinets des
balances *système Roberval* seront construits en acier trempé et
poli. Toutes les autres parties sujettes à frottement seront en acier
trempé.

2° Les fléaux et autres pièces du mouvement seront, préféra-
blement, en fer forgé, mais ils pourront être en fonte, pourvu que
cette matière soit suffisamment malléable pour recevoir l'empreinte du poinçon de vérification. Les instruments qui ne satis-
feraient pas à cette condition essentielle seront refusés. Les fléaux
devront avoir la force nécessaire pour la portée de la balance.
Sur le socle sera indiqué le maximum de cette portée.

3° Les balances devront être présentées au poinçonnage entièrement montées. Si elles sont vernies, il devra être réservé sur
l'un des bras, et aussi près que possible du centre du fléau, une
place nette pour l'apposition du poinçon.

Extrait du décret du 14 juillet 1857.

A partir du 1er octobre 1857, l'indication de la portée des balances-bascules qui seront présentées à la vérification première
sera ou gravée en creux, ou produite en relief dans l'opération de
la fonte, sur le plat poli d'une des faces latérales du fléau extérieur.

EXAMEN GÉNÉRAL

SUR LE SYSTÈME MÉTRIQUE.

Nota. Cet examen (que l'on pourra fractionner) a pour objet de constater le degré d'instruction de l'élève qui prochainement quittera l'école.

PREMIÈRE PARTIE*.

1. Pourquoi emploie-t-on des unités de diverses grandeurs pour représenter des unités de même espèce, des unités de longueur par exemple? (Rép. Parce que l'esprit se fait difficilement une idée juste de la valeur d'un nombre exprimé par beaucoup de chiffres.)

2. La distance de deux villes éloignées serait-elle convenablement exprimée en mètres? (Rép. Non, et c'est pour cela qu'on l'exprime en kilomètres ou en myriamètres.)

3. Un très-petit poids serait-il convenablement représenté si l'on prenait le kilogramme pour unité? (Rép. Non; la fraction serait si petite qu'on aurait de la peine à s'en faire une idée.)

4. On a donc eu raison d'introduire des multiples et des sous-multiples? (Rép. Oui, puisque de cette manière on évite les nombres trop grands ou trop petits.)

5. Qu'entraîne un changement d'unité? (Rép. Un changement de nombre, de telle sorte que la grandeur mesurée n'a pas changé.)

6. La superficie de Paris est de 7802 hectares. Combien cela fait-il de kilomètres carrés**? (Rép. Cela en fait 78. Ce changement d'unité a entraîné une division par 100, du nombre 7802, parce qu'un kilomètre carré vaut 100 hectares.)

* L'élève est au tableau noir.

** Avant les annexions des communes situées en deçà des fortifications (annexions qui ont eu lieu en 1860), la superficie de Paris était de 3402 hectares 56 ares 7 centiares. Aujourd'hui elle est de 7802 hectares jusqu'au pied des glacis. — La superficie de la France est à peu près la *millième* partie de celle de la terre.

7. Énoncez le principe fondamental des surfaces. (Rép. Les surfaces de deux carrés sont entre elles comme les carrés des valeurs numériques de deux côtés.)

8. Qu'appelez-vous carré d'un nombre? (Rép. C'est le produit de ce nombre par lui-même.)

9. Dans quel rapport sont deux carrés géométriques dont les côtés sont dans le rapport de 3 à 4? (Rép. Dans le rapport de 9 à 16. Le plus petit est les $\frac{9}{16}$ du plus grand. Réciproquement, le plus grand est les $\frac{16}{9}$ du plus petit.) — Quelle différence faites-vous entre ces deux expressions : 9 *mètres en carré* et 9 mètres carrés? (Rép. 9 mètres en carré représentent un carré de 9 mètres de chaque côté, et par conséquent 81 mètres carrés, tandis que 9 mètres carrés représentent neuf fois le mètre carré.)

9 *bis*. Les mots déci, centi, milli, signifient-ils dixième, centième, millième, dans toute l'étendue du système métrique? (Rép. Oui, sans exception. Lorsqu'on dit décimètre carré, centimètre carré, millimètre carré, on commence par prendre le dixième, le centième, le millième du mètre, pour ensuite concevoir un carré ayant cette partie du mètre pour côté.)

10. Énoncez en mesures carrées $49^{m\cdot q},67321$. (Rép. 49 mètres carrés 67 décimètres carrés 32 centimètres carrés 10 millimètres carrés.)

11. Énoncez le principe fondamental des volumes. (Rép. Les volumes de deux cubes sont entre eux comme les cubes des valeurs numériques de deux côtés.)

12. Dans quel rapport sont deux cubes dont les côtés sont dans le rapport de 3 à 4 ? (Rép. Dans le rapport de 27 à 64 ; le plus petit est le $\frac{27}{64}$ du plus grand ; réciproquement, le plus grand est les $\frac{64}{27}$ du plus petit.)

13. Comment mesure-t-on un rectangle? (Rép. On mesure la longueur et la largeur, puis on multiplie l'un par l'autre les deux nombres provenant de ces deux mesurages. L'unité de surface est toujours le *carré* fait sur l'unité linéaire.)

14. La longueur est de 7 mètres et la largeur de 5 mètres. Quelle multiplication faites-vous? (Rép. Je multiplie le nombre 7 par le nombre 5, et j'ai le nombre 35. Ce produit exprime qu'il y a 35 mètres carrés dans le rectangle.)

15. Ce n'est donc pas 7 mètres que vous multipliez par 5 mètres? (Rép. Non. Les opérations de l'arithmétique ne portent jamais sur les objets eux-mêmes, mais seulement sur les nombres qui servent à les désigner. C'est l'énoncé de la question qui fait connaître l'espèce d'unité représentée par le résultat.)

16. Comment mesure-t-on un carré? (Rép. Cette mesure est un cas particulier de celle du rectangle. On mesure le côté du carré, et on fait le produit du nombre par lui-même.) Ce principe peut-il servir à évaluer en *fraction de mètre carré* le décimètre carré, le centimètre carré, le millimètre carré? (Rép. Oui; par exemple, $0{,}001 \times 0{,}001 = 0{,}000001$; donc *le millimètre carré est le millionième du mètre carré.*)

17. Quelle opération faut-il faire pour calculer la longueur d'une tapisserie rectangulaire, connaissant sa largeur et son étendue? (Rép. Une division.)

18. Que ferait-on si cette tapisserie avait une forme carrée? (Rép. Le calcul serait plus difficile : il faudrait extraire une racine carrée.)

19. Comment mesure-t-on un parallélipipède rectangle? (Rép. On mesure les dimensions de la base et la hauteur du solide, après quoi on fait le produit des nombres provenant de ces trois mesurages. L'unité de volume est toujours le *cube* construit sur l'unité linéaire.)

20. Que devient l'opération lorsqu'il s'agit d'un cube? (Rép. On élève au cube la valeur numérique du côté.) Ce principe peut-il servir à évaluer en *fraction de mètre cube* le décimètre cube, le centimètre cube, le millimètre cube? (Rép. Oui; par exemple, $0{,}001 \times 0{,}001 \times 0{,}001 = 0{,}000\,000\,001$; donc le millimètre cube est le billionième du mètre cube.

21. Comment reviendrait-on du volume au côté? (Rép. Par une extraction de racine cubique.)

22. Quel est le rapport du millimètre carré au décimètre carré? (Rép. $\frac{1}{10000}$.)

23. Quel est le rapport du millimètre cube au décimètre cube ? (Rép. $\frac{1}{1000000}$.)

24. A quoi est égal le produit de deux rapports tels que l'un est l'autre renversé ? (Rép. A l'unité. Ainsi $\frac{3}{4} \times \frac{4}{3} = 1$.)

25. Quel est le rapport du mètre cube à l'hectolitre ? (Rép. 10.)

26. Quel est le rapport du centilitre au centimètre cube ? (Rép. 10.)

27. Combien pèse un litre d'eau pure ? (Rép. Un kilogramme.)

28. Et un mètre cube ? (Rép. 1000 kilogrammes, ou une tonne métrique.)

29. Quelle est l'unité de volume, lorsque la tonne est l'unité de poids ? (Rép. Le mètre cube.)

30. Quelle est la plus grande des mesures de capacité pour les matières sèches ? **(Rép. Le double hectolitre.)**

31. La plus petite ? (Rép. Le demi-décilitre.)

32. Quelle est la plus grande des mesures de capacité en étain ? (Rép. Le double litre.)

33. La plus petite ? (Rép. Le centilitre.) — Par quel nombre faut-il multiplier la capacité *figurée* d'une mesure en métal, en bois, pour avoir la capacité réelle ? (Rép. **Par huit.**)

34. Avec quoi fabrique-t-on les mesures pour l'huile et le lait ? (Rép. Avec du fer-blanc.)

35. Quel est le plus fort poids en fonte ? (Rép. Celui de 50 kilogr. ; il est peu en usage.)

36. Le plus petit ? (Rép. Celui d'un demi-hectogramme.)

37. Quelle est la forme géométrique des poids de 50 kilog. et 20 kilogr. ? (Rép. Celle d'une pyramide tronquée, arrondie sur les angles, dont la base est un rectangle.)

38. Quelle est la forme des autres ? (Rép. Celle d'une pyramide tronquée, dont la base est un hexagone régulier.)

39. Quel est le plus gros poids à bouton ? (Rép. Celui de 20 kilogrammes, mais il est peu en usage.)

40. Quel est le plus faible? (Rép. Celui d'un gramme.)

41. Qu'appelle-t-on poids à godets? (Rép. Ce sont des poids qui s'empilent les uns dans les autres; les douze poids représentés au sixième tableau, et conformes au nouveau modèle, pèsent en tout 1 kilogramme.)

42. Quels sont ceux qui sont en double? (Rép. Ce sont ceux de 100 grammes, 10 grammes et 2 grammes.)

43. Ces poids en double, ceux de 100 grammes par exemple, sont-ils égaux en poids et dans leurs dimensions? (Rép. Oui.)

44. Entrent-ils complétement l'un dans l'autre? (Rép. Ce n'est pas possible, car le contenant ne peut pas être égal au contenu.)

45. Et cependant tous ces poids renfermés dans la boîte ne sont-ils pas empilés les uns dans les autres? (Rép. Oui.) — Par quel nombre faut-il multiplier le volume figuré d'un poids pour avoir son volume réel? (Rép. Par huit.)

46. Citez des objets qui ne se vendent qu'au poids? (Rép. Le pain et la viande.)

47. Citez des objets qui ne se vendent qu'à la mesure. (Rép. Le vin, les liqueurs et le lait.)

48. Citez des objets qui se vendent, soit à la mesure, soit au poids. (Rép. le bois et la houille.)

49. La vente du bois au poids est-elle dans la loi, ou est-ce une tolérance? (Rép. C'est une tolérance.)

50. Écrivez les valeurs des 14 pièces, en commençant par l'or. — Expliquez ce qu'on entend par pièces *fondamentales* et par pièces *divisionnaires*. — Soulignez le nombre qui se rapporte au double décime, au décime, au demi-décime. — Soulignez les pièces qui pèsent 1 gramme. — Soulignez les deux pièces dont le titre a été abaissé à 0,835. — Calculez le poids d'une pièce d'or. — Règle pratique. — Calculez le poids d'un centime. — A la Monnaie, quelle est la valeur d'un kilogramme d'argent pur? d'un kilogramme d'or pur? — Quels sont les trois titres pour les ouvrages d'or? — Quels sont les deux titres pour les ouvrages d'argent?

DEUXIÈME PARTIE.

Nota. Les huit tableaux sont disposés les uns à côté des autres. L'élève est muni d'une baguette. Le maître, aidé de la légende récapitulative, appelle successivement les 131 figures, 1° dans l'ordre numérique 1, 2, 3,... 131, 2° dans un ordre quelconque, et l'élève les montre au fur et à mesure. Cette épreuve récapitulative exige de la part de celui qui est interrogé une connaissance très-complète des tableaux, de la présence d'esprit et de la promptitude dans les mouvements.

LÉGENDES RÉCAPITULATIVES[*].

PREMIER TABLEAU.

Mesures de longueur (5 leçons).

NOTA. Ces instruments sont représentés en demi-grandeur.

Figure 1. Mètre pliant. — Chacune des dix parties se nomme décimètre. — Les petits traits indiquent la division de chaque décimètre en 10 centimètres.

Les dix centimètres du premier décimètre sont subdivisés chacun en 10 millimètres.

Figure 2. Ruban de 10 mètres, divisé en centimètres et demi-centimètres.

Figure 3. Ruban de 1 mètre, divisé en centimètres.

Figure 4. Double décimètre, divisé en centimètres et millimètres.

Figure 5. Chaîne composée de 50 chaînons de 2 décimètres chacun.

Figure 6. Décamètre en ruban d'acier roulé en spirale.

Figure 7. Fiche.

Figure 8. Jalon en bois muni d'une carte.

Figure 9. Fil à plomb.

DEUXIÈME TABLEAU.

Mesures de superficie (6 leçons).

NOTA. Les surfaces sont représentées en vraie grandeur. — Les deux équerres d'arpenteur sont représentées en demi-grandeur.

Figure 1. Décimètre carré.

Figure 2. Décimètre carré décomposé en 100 centimètres carrés.

* C'est la reproduction des indications placées au bas de chaque tableau.

Figure 3. Dixième de décimètre carré décomposé en 10 centimètres carrés.

Figure 4. Centimètre carré.

Figure 5. Centimètre carré décomposé en 100 millimètres carrés.

Figure 6. Dixième de centimètre carré décomposé en 10 millimètres carrés.

Figure 7. Millimètre carré.

Figure 8. Rectangle de 8 centimètres de long sur 6 centimètres de large. — Ce rectangle est décomposé en 8 × 6 ou en 48 centimètres carrés.

Figure 9. Triangle moitié du rectangle de même base et de même hauteur. — La surface de ce triangle est de 35 centimètres carrés.

Figure 10. Hexagone décomposé en quatre triangles. — La surface de ce polygone est de 68 centimètres carrés.

Figure 11. Équerre octogone.

Figure 12. Équerre ovoïde.

Nota. Ces équerres servent à mener des perpendiculaires sur le terrain.

TROISIÈME TABLEAU.

Mesures de volume (4 leçons).

Nota. Les volumes sont représentés en vraie grandeur.

Figure 1. Décimètre cube décomposable en 1000 centimètres cubes.

Figure 2. Dixième de décimètre cube décomposable en 100 centimètres cubes.

Figure 3. Centième de décimètre cube décomposé en 10 centimètres cubes.

Figure 4. Centimètre cube décomposable en 1000 millimètres cubes.

Figure 5. Dixième de centimètre cube décomposable en 100 millimètres cubes.

Figure 6. Centième de centimètre cube décomposé en 10 millimètres cubes.

Figure 7. Millimètre cube.

Figure 8. Parallélipipède rectangle de 11 centimètres de hauteur sur 7 centimètres de largeur et 8 centimètres de longueur. — Ce solide est décomposable en $11 \times 7 \times 8$ ou en 616 centimètres cubes. Dans la figure 8, la largeur est réellement de 7 centimètres, c'est par erreur qu'elle a été divisée en 8 parties.

Figure 9. Parallélipipède rectangle tronqué. — Le volume de ce solide est de 144 centimètres cubes.

Figure 10. Solide irrégulier décomposé en six parallélipipèdes rectangles tronqués. — Le volume de ce solide est de 202 centimètres cubes.

QUATRIÈME TABLEAU.

Mesures de capacité pour les liquides (2 leçons).

Nota. Ces mesures sont représentées en demi-grandeur (linéaire).

I. MESURES EN ÉTAIN.

(La hauteur intérieure est double du diamètre.)

Figure 1. Double litre.

Figure 2. Litre.

Figure 3. Demi-litre.

Figure 4. Double décilitre.

Figure 5. Décilitre.

Figure 6. Demi-décilitre.

Figure 7. Double centilitre.

Figure 8. Centilitre.

II. MESURES EN FER-BLANC.

(La hauteur intérieure est égale au diamètre.)

Figure 9. Double litre.

Figure 10. Litre.

Figure 11. Demi-litre.

Figure 12. Double décilitre.

Figure 13. Décilitre.

Figure 14. Demi-décilitre.

CINQUIÈME TABLEAU.

Mesures de capacité pour les grains et autres matières sèches
(2 leçons).

(La hauteur intérieure est égale au diamètre.)

Nota. Ces mesures sont représentées en demi-grandeur (linéaire).

Figure 1. Double décalitre.

Figure 2. Décalitre.

Figure 3. Demi-décalitre.

Figure 4. Double litre.

Figure 5. Litre.

Figure 6. Demi-litre.

Figure 7. Double décilitre.

Figure 8. Décilitre.

Figure 9. Demi-décilitre.

SIXIÈME TABLEAU.

Mesures de poids (3 leçons).

Nota. Tous ces poids sont représentés en demi-grandeur (linéaire).

I. POIDS EN FONTE DE FER.

Figure 1. Poids de 20 kilogrammes.

Figure 2. Poids de 10 kilogrammes.

Figure 3. Poids de 5 kilogrammes.

Figure 4. Poids de 2 kilogrammes.

Figure 5. Poids de 1 kilogramme.

Figure 6. Poids de 1 demi-kilogramme.

Figure 7. Poids de 1 double hectogramme.

Figure 8. Poids de 1 hectogramme.

Figure 9. Poids de 1 demi-hectogramme.

II. POIDS CYLINDRIQUES A BOUTON, EN CUIVRE JAUNE.

Figure 10. Poids de 1 double kilogramme.

Figure 11. Poids de 1 kilogramme.

Figure 12. Poids de 1 demi-kilogramme.

Figure 13. Poids de 1 double hectogramme.

Figure 14. Poids de 1 hectogramme.

Figure 15. Poids de 1 demi-hectogramme.

Figure 16. Poids de 1 double décagramme.

Figure 17. Poids de 1 décagramme.

Figure 18. Poids de 1 demi-décagramme.

Figure 19. Poids de 1 double gramme.

Figure 20. Poids de 1 gramme.

III. POIDS A GODETS.

Figure 21. Poids de 500 grammes.

Figure 22. Poids de 200 grammes.

Figure 23. Poids de 100 grammes.

Figure 24. Poids de 100 grammes.

Figure 25. Poids de 50 grammes.

Figure 26. Poids de 20 grammes.

Figure 27. Poids de 10 grammes.

Figure 28. Poids de 10 grammes.

Figure 29. Poids de 5 grammes.

Figure 30. Poids de 2 grammes.

Figure 31. Poids de 2 grammes.

Figure 32. Poids de 1 gramme.

IV. POIDS EN LAMES.

Figure 33. Poids de 5 décigrammes.

Figure 34. Poids de 2 décigrammes.

Figure 35. Poids de 1 décigramme.

Figure 36. Poids de 5 centigrammes.

Figure 37. Poids de 2 centigrammes.

Figure 38. Poids de 1 centigramme.

Figure 39. Poids de 5 milligrammes.

Figure 40. Poids de 2 milligrammes.

Figure 41. Poids de 1 milligramme.

SEPTIÈME TABLEAU

Instruments de pesage (3 leçons).

Nota. La charge et la réduction de chaque balance sont indiquées page 104.

Figure 1. Balance ordinaire ou à bras égaux.

Figure 2. Balance Roberval.

Figure 3. Balance-pendule Béranger.

Figure 4. Trébuchet de précision.

Figure 5. Balance romaine.

Figure 6. Bascule de Quintenz.

Figure 7. Bascule à romaine (système Béranger).

Figure 8. Bascule à cadran contrôleur du poids des bagages et marchandises (système Catenot-Béranger).

HUITIÈME TABLEAU.

Monnaies (3 leçons).

Nota. Ces quatorze pièces de monnaie sont représentées en véritable grandeur.

I. MONNAIES D'OR.

Figures 1 et 2. Face et revers de la pièce de 100 francs.

Figures 3 et 4. Face et revers de la pièce de 50 francs.

Figures 5 et 6. Face et revers de la pièce de 20 francs. (Cette pièce pèse 6 grammes 45 centigrammes.)

Figures 7 et 8. Face et revers de la pièce de 10 francs.

Figures 9 et 10. Face et revers de la pièce de 5 francs.

II. MONNAIES D'ARGENT.

Figures 11 et 12. Face et revers de la pièce de 5 francs.

Figures 13 et 14. Face et revers de la pièce de 2 francs.

Figures 15 et 16. Face et revers de la pièce de 1 franc. (Le franc a 1 millimètre d'épaisseur et 23 millimètres de diamètre. Il renferme 4 grammes 5 décigrammes d'argent pur et 5 décigrammes de cuivre.)

Figures 17 et 18. Face et revers de la pièce de 50 centimes.

Figures 19 et 20. Face et revers de la pièce de 20 centimes, autrement dit, du double décime.

D'après la loi du 25 mai 1864, les deux dernières pièces ne renferment que les 835 millièmes de leur poids en argent fin.

Les autres monnaies d'or et d'argent sont au titre de 900 millièmes.

III. MONNAIES DE BRONZE.

Figures 21 et 22. Face et revers de la pièce de 10 centimes, autrement dit du décime.

Figures 23 et 24. Face et revers de la pièce de 5 centimes, ou du demi-décime.

Figures 25 et 26. Face et revers de la pièce de 2 centimes.

Figures 27 et 28. Face et revers de la pièce de 1 centime. (Cette pièce pèse 1 gramme, comme celle de 20 centimes.)

Nota. Deux leçons supplémentaires. Total : trente leçons sur le système métrique.

NOTES ADDITIONNELLES.

REMARQUES SUR QUELQUES NUMÉROS DU LIVRET.

Page 17, n° 3. Les chaînons du décamètre peuvent être d'*un*, de *deux* ou de *cinq* décimètres. Ces mesures sont, en outre, les seules qui soient admises au poinçonnage avec la tolérance *en plus* et *en moins*, la manière d'en faire usage pouvant déterminer un allongement.

Page 66, n° 31. Les membrures doivent porter sur le montant l'indication de la longueur des bûches et, comme tous les autres instruments de pesage ou de mesurage, le nom ou la marque du fabricant. Le poinçonnage n'est possible qu'à cette condition.

Page 74, note au bas de la page. La goutte d'étain placée à la jonction du fond avec le corps de la mesure est destinée au poinçon de vérification première. La goutte du bord supérieur reçoit l'empreinte de la lettre annuelle. Les mesures pour l'huile à manger doivent porter la lettre M estampée sur la face extérieure du corps de la mesure et celles destinées à l'huile à brûler, la lettre L.

Page 78, n° 7. Le demi-hectolitre est très-usité pour la vente des grains. Lorsque les grandes mesures sont en bois simple, la ferrure en tôle intérieure et extérieure doit être remplacée par des bandes de *fer feuillard* maintenues par des rivets, et la garniture du bord supérieur par un *plat-bord* de 0^m,012 de largeur.

Page 83, n° 26. Le plomb d'ajustage destiné aussi à l'empreinte des poinçons doit présenter une surface parfaitement unie et recouvrir entièrement les extrémités du lacet.

Page 89, n° 16. Les divisions du gramme ne sont pas soumises au poinçonnage.

Page 93, n° 12. La fonte malléable est aussi employée pour la fabrication des fléaux.

11

Page 101, n° 8. Dans la romaine, les divisions principales de kilogramme en kilogramme *doivent être* subdivisées en dix parties égales pour marquer les hectogrammes. — La division par *double hectogramme*, par exemple, ferait refuser l'instrument.

Page 104, n° 28. Les grandes balances, dites de magasin, doivent, à l'état d'équilibre, avoir leurs plateaux à 18 centimètres du sol. — Pour les balances Roberval, ou de systèmes analogues, la différence de niveau entre les deux plateaux, l'un étant entièrement abaissé, sera égale au dixième de l'écartement du centre des plateaux. Ce dernier instrument est très-recherché plus en raison de son extrême commodité qu'en raison de ses qualités.

Page 115, n° 16. Le poinçon *primitif* ne doit pas être confondu avec le poinçon de *fabrication*.

Le premier indique la garantie de l'État et ne peut être apposé que par le vérificateur, qui en a seul la garde.

Le second est le poinçon que tout fabricant est tenu de mettre sur ses produits pour en indiquer la provenance et en obtenir la vérification, qui lui serait refusée sans cela. Cette marque de fabrique, qui figure ordinairement les initiales du nom, doit être préalablement déposée au bureau de vérification de l'arrondissement.

Distinction des titres en matière d'or et d'argent.

On se sert de trois *poinçons* principaux pour marquer les ouvrages d'or et d'argent.

1° Le *poinçon de fabrique* porte la lettre initiale du nom du fabricant avec un symbole quelconque en observant une forme et des proportions déterminées.

2° Le *poinçon de titres*. Pour l'or le poinçon de titre est une *tête de médecin grec* avec les chiffres arabes 1, 2, 3 indiquant le 1er, le 2e et le 3e titre. (0,920; 0,840; 0,750. Le 3e titre est le plus usuel. — La tête symbolique est renfermée dans une figure à 6 pans irréguliers.)

3° Le *poinçon de titre pour l'argent* est une *tête de Minerve* avec les chiffres arabes 1 et 2 indicatifs du 1er et 2e titre. (0,950; 0,800. Le 1er titre est le plus usuel. La tête de Minerve est renfermée dans une figure à 8 pans irréguliers.)

Marque pour les bureaux de garantie.

Il y a 91 bureaux de garantie en France et 6 en Algérie. Chaque bureau a un signe caractéristique particulier. Ce signe se trouve placé dans les poinçons de titre d'or et d'argent.

Il existe encore d'autres poinçons légaux qui s'appliquent à un cas particulier.

1° Le poinçon de garantie qui s'applique sur les menus ouvrages d'orfévrerie qui n'ont pas été essayés.

2° Le poinçon pour marquer les objets d'or et d'argent de provenance étrangère.

3° Le poinçon de recense qui s'applique lorsqu'il s'agit d'empêcher l'effet des infidélités relatives aux titres et aux poinçons. Ces cas sont extrêmement rares.

Les lingots d'or et d'argent qui sont apportés aux bureaux de garantie pour en faire constater le titre ne sont marqués que du poinçon particulier de l'essayeur, responsable du titre qu'il a accusé.

REMARQUES DIVERSES SUR L'ARITHMÉTIQUE.

FAUTES A ÉVITER. — POINTS SUR LESQUELS IL IMPORTE D'INSISTER.

I. Ne pas confondre les noms des unités des différents *ordres* avec les noms des *tranches*, ou *classes* ou *ordres ternaires*.

II. Ne pas dire qu'on rend un nombre entier (non terminé par un ou plusieurs zéros) 10, 100, 1000, etc., fois plus grand lorsqu'on place 1, 2, 3, etc., zéros entre deux chiffres consécutifs de ce nombre.

III. Souvent, quand on multiplie un nombre entier par 10, on dit qu'on *ajoute* un zéro à ce nombre. C'est une mauvaise locution parce que, ajouter signifie *additionner*. Dites : j'écris un zéro à la droite du nombre $(7 + 0 = 7 ; 70 = 7 \times 10)$.

IV. Ne dites pas les *facteurs* d'une somme et les *parties* d'un produit. — En arithmétique, les fautes tiennent surtout à ce qu'on n'a pas une idée suffisamment nette du but de chacune des quatre règles.

V. Insister sur ce que dans la soustraction (méthode du report) on retranche 10 au plus de 10 au moins, et de 19 au plus. Autrefois (méthode de l'emprunt) on retranchait 9 au plus de 9 au moins, et de 18 au plus.

VI. Commencer par définir la multiplication conformément à son origine : *addition de nombres égaux.* — Ne généralisez que lorsque le multiplicateur n'est plus un nombre entier. — Les définitions sont d'autant plus difficiles à comprendre qu'elles sont plus générales ; il faut donc se hâter de les donner aux élèves.

VII. Commencer par définir la division conformément au sens étymologique du mot *diviser* qui signifie *partager.* — Montrer tout d'abord que l'idée de partage implique la recherche du nombre de fois que le dividende contient le diviseur.

VIII. Insister sur le **cas** de la division de deux nombres entiers de plusieurs chiffres se contenant 9 fois au plus — c'est là qu'est la difficulté de la division.

IX. Dans la division des nombres quelconques, insister sur *l'origine des fractions* et sur les divers points de vue sous lesquels on peut les envisager. Pour matérialiser en quelque sorte les démonstrations relatives aux propriétés fondamentales des fractions, tracer une ligne droite (sur le tableau noir), puis, en montrer la moitié, le tiers..., les trois quarts....

X. Ne pas dire que la *moitié du tiers* d'un nombre équivaut au cinquième de ce nombre (c'est le *sixième*). Ne pas dire qu'on *double* une somme quand on double une de ses parties. Éviter de dire *mon* dividende, *mon* quotient, *ma* fraction, etc., ce sont de mauvaises locutions.

XI. Ne pas dire qu'un nombre impair n'est jamais divisible par un nombre pair, et *réciproquement.* La réciproque est fausse 12 est divisible par 3).

XII. Ne pas confondre *diviser* les deux termes d'une fraction par 2 avec *retrancher* 2 de ses deux termes.

XIII. Ne pas dire *qu'on ne peut simplifier une fraction que par la suppression d'un facteur commun à ses deux termes :*

$$\frac{18}{48} = \frac{18-3}{48-8} = \frac{15}{40}.$$

XIV. Il est faux de dire que deux fractions ne sont équivalentes que lorsque les deux termes de l'une sont des équimultiples des deux termes de l'autre :

$$\frac{18}{48} = \frac{15}{40}.$$

XV. Ne pas dire qu'une fraction est *évidemment* irréductible lorsqu'on ne peut plus diviser ses deux termes par un même nombre. Cela ferait croire qu'on ne peut simplifier les fractions que par la division, ce qui est faux.

XVI. Dans la réduction des fractions au même dénominateur, tout multiple des dénominateurs peut servir de dénominateur commun.

XVII. Lorsqu'on veut réduire des fractions au plus petit dénominateur commun possible, il faut préalablement s'assurer que ces fractions sont irréductibles.

XVIII. A propos de la définition générale de la multiplication, insister sur ce qu'il y a quatre nombres : le *multiplicande*, le *multiplicateur*, l'*unité* et le *produit*.

XIX. Ces quatre nombres sont liés entre eux par une proportionnalité : *Le produit est au multiplicande comme le multiplicateur est à l'unité.*

XX. Le produit n'est plus grand que le multiplicande que lorsque le multiplicateur est plus grand que l'unité.

XXI. Parfois multiplier signifie diviser :

$$12 \times \frac{1}{2} = 6.$$

XXII. A propos de la définition générale de la division, insister sur ce que les quatre nombres *dividende, diviseur, unité, quotient,* sont liés entre eux par une proportionnalité : *le quotient est au dividende comme le diviseur* (renversé) *est à l'unité.*

XXIII. Le quotient n'est plus petit que le dividende que lorsque le diviseur est plus grand que l'unité.

XXIV. Parfois diviser signifie multiplier :

$$12 : \frac{1}{2} = 24.$$

XXV. Multiplier les questions du genre de celles-ci : quand le quotient est-il le double, le triple, le quadruple du dividende ? Quand le quotient est-il les $\frac{4}{3}$ du dividende ? le quotient est les $\frac{9}{11}$ du dividende, par quoi a-t-on divisé ?

XXVI. Dans quel cas le quotient est-il égal au dividende ? à l'unité ? au diviseur ?

XXVII. Dans quel cas peut-on diviser deux fractions terme à terme pour avoir le quotient de la division l'une par l'autre ?

XXVIII. Insister sur l'origine et la formation des fractions décimales. (C'est une extension du principe fondamental de la numération décimale.)

XXIX. Insister sur ce que les fractions décimales jouissent de toutes les propriétés des fractions ordinaires, mais non réciproquement.

XXX. Insister sur ce que la théorie des fractions décimales a principalement pour objet de faire connaître les règles et les principes relatifs à ces fractions écrites sous *forme entière.*

XXXI. Insister sur les différentes manières d'énoncer un nombre décimal.

XXXII. Éviter de démontrer la multiplication décimale par les changements qu'éprouve le produit cherché quand on supprime successivement la virgule au multiplicande et au multiplicateur. — La démonstration pour être complète exige trop de précautions.

XXXIII. Pour la division décimale éviter d'écrire au diviseur autant de zéros qu'il y a d'unités dans l'excès du nombre des décimales au dividende sur le nombre des décimales au diviseur. — Commencez par supprimer la virgule au diviseur, puis avancez-la d'autant de rangs au dividende. *Pour plusieurs raisons*, cette règle pratique est préférable à celle qui consiste à rendre le nombre des décimales égal de part et d'autre.

XXXIV. Insister sur la démonstration de la règle qui consiste à *convertir une fraction ordinaire en fraction décimale*. (C'est une application de la numération.)

XXXV. Insister sur l'évaluation d'un quotient à un degré d'approximation donné.

XXXVI. Souvent les élèves appellent *fractions continues* ce qu'il faut appeler *fractions périodiques*.

XXXVII. Habituer les élèves à retenir que $\frac{1}{2} = 0{,}5$ $\frac{1}{4} = 0{,}25$ $\frac{1}{8} = 0{,}125$.

XXXVIII. Faire vérifier à l'aide du calcul des nombres décimaux des calculs de fractions ordinaires.

XXXIX. Insister sur la définition du *rapport d'un nombre à un autre*, et sur le produit de deux rapports tels que l'un est l'autre renversé.

XL. Définition de la *proportion*. — Principes sur les proportions déduits de ceux qui ont été démontrés pour les fractions ordinaires.

XLI. Insister sur la manière d'avoir immédiatement l'expression de l'inconnu dans une règle de trois.

XLII. Montrer que l'escompte est une question à double sens. — Calcul comparatif des deux escomptes — discussion.

XLIII. *Système métrique*. Définir la *grandeur* tout ce qui est

susceptible d'être mesuré, et non tout ce qui est susceptible
d'augmentation et de diminution — comme les mathématiques
sont la *science des grandeurs*, elles formeraient une science univer-
selle (ce qui n'est pas) si on disait que la grandeur est tout ce qui
peut être augmenté ou diminué. (La joie, la douleur, etc., etc.,
seraient du domaine des mathématiques).

XLIV. Insister sur ce que le rapport $\frac{3}{4}$ par exemple, d'une
grandeur A à une grandeur de même espèce B, indique comment A se forme avec B. Insister sur ce que les calculs portent
sur les nombres servant à désigner les objets, et non sur les objets eux-mêmes dont on fait abstraction dans l'opération; cela re-
vient à dire que *le nombre est abstrait*.

XLV. Insister sur ce que les mots *deci*, *centi*, *milli*, signifient
toujours dixième, centième, millième.

XLVI. Les préfixes *déci*, *centi*, *milli*, ne donnent lieu à aucune équivoque dans les mots simples (décimètre, décistère,
décilitre, décigramme). Il n'en est pas de même dans les mots
composés.

Lorsqu'on dit *décimètre carré*, il y a deux choses à se représenter : déci indique que l'on prend le dixième du mètre linéaire ;
le mot carré indique ensuite que de ce dixième de mètre on fait le
côté d'un carré.

XLVII. Pour prouver que le décimètre carré est le centième
du mètre carré on s'appuie, soit sur le principe fondamental
des surfaces, soit sur ce qu'un carré a pour mesure le carré ou
la seconde puissance de son côté.

XLVIII. Pour familiariser les élèves avec la définition du *cube*
et les questions qui s'y rattachent immédiatement, faites dessiner
ce solide à main levée. Ne pas confondre les *faces* avec les *côtés*.

XLIX. A propos de la définition du franc, ne pas confondre le
rapport du poids du cuivre à celui de la pièce, avec le rapport
du poids du cuivre à celui de l'argent pur. Ce serait confondre
$\frac{1}{10}$ avec $\frac{1}{9}$.

L. Éviter autant que possible de donner des définitions qui renferment trop de conditions.

LI. En arithmétique, éviter de proposer aux élèves des questions concrètes de pure fantaisie : les problèmes conformes à la réalité ont le double avantage d'instruire tout en exerçant l'intelligence *.

* Consulter au besoin notre cours de problèmes en deux volumes : *Énoncés, — Solutions.*

FIN.

PARIS. — IMPRIMERIE GÉNÉRALE DE CH. LAHURE
Rue de Fleurus, 9

AUTRES OUVRAGES DE M. TARNIER

PUBLIÉS PAR LA MÊME LIBRAIRIE

I. ENSEIGNEMENT PRIMAIRE

Arithmétique décimale des écoles primaires, fondée sur le système légal des poids et mesures. 1 vol. in-18, cart.   60 c.

Solutions des problèmes proposés en exercices dans l'Arithmétique décimale des écoles primaires. Brochure in-18. Prix.   30 c.

Nouvelle arithmétique théorique et pratique. 3ᵉ édition. 1 volume in-12, cartonné.   2 fr.

Problèmes d'arithmétique, à l'usage des commençants, par E. A. Tarnier et H. Bos. (*Énoncés.*) 1 volume in-12, cartonné.   2 fr.

Solutions raisonnées desdits problèmes. 1 volume in-12. Prix, broché.   » fr. » c.

II. ENSEIGNEMENT SECONDAIRE

Éléments d'arithmétique théorique et pratique, à l'usage des classes de mathématiques élémentaires, 6ᵉ édition, conforme aux nouveaux programmes d'enseignement dans les lycées. 1 vol. in-8°, broché.   4 fr.

Petit traité d'algèbre, à l'usage des classes d'humanités. 1 vol. in-12, cartonné.   2 fr. 50 c.

Éléments d'algèbre, par MM. Tarnier et Dieu :

1ʳᵉ *partie*, à l'usage des classes de mathématiques élémentaires, par M. Tarnier. 5ᵉ édition, conforme aux nouveaux programmes arrêtés le 24 mars 1865. 1 vol. in-8.   5 fr.

2ᵉ *partie*, à l'usage des classes de mathématiques spéciales, par MM. Dieu, agrégé de l'Université, professeur à la Faculté des sciences de Lyon, et Tarnier, docteur ès sciences. 1 vol. in-8.   5 fr.

Éléments de trigonométrie théorique et pratique. 4ᵉ édition, comprenant des types de calcul pour la résolution des triangles, les fonctions circulaires et un choix d'exercices. 1 vol. in-8, broché. 4 fr. 50 c.

Nouvelle théorie des logarithmes, dans laquelle les calculs les plus compliqués sont ramenés à de simples additions de nombres décimaux. Ouvrage rédigé conformément aux derniers programmes d'enseignement, avec des applications à la géométrie. 1 vol. in-8, broché.   2 fr.

Imprimerie générale de Ch. Lahure, rue de Fleurus, 9, à Paris.